JN107075

心得をマスターすると数学が好きになる！

高校数学が得意になる
２１５の心得

inomi

インオミ

はじめに

・わからない問題に出会うと手も足も出ない。

・問題の解き方は参考書を見れば理解できるけど、どうしてそういう解法を思いつくのかがわからない。

・模試になると、時間が足りなくなったり、ミスを連発してしまい実力が発揮できない。

・社会の用語ならすぐ覚えられるのに、数学の公式は全然覚えられない。

・少し複雑な計算になると、いつも途中でミスしてしまい正答にたどり着けない。

・教科書に載っている公式や例題の中で、定期試験や大学入試に本当に大切なものがどれなのかわからない。

・数学の勉強の効率が悪くてなかなか成果が出せない。

　などなど、高校数学が得意になるためには、具体的な問題の解法を理解することとは別に、数学を学習するうえで解決しなければならない悩みが幾つもあります。
　こういう悩みをそのままにしておいて、具体的な問題を解くことばかりにエネルギーを注いでも、数学の力は満足にアップしていきません。

　この本では、一般的な問題集や参考書のように具体的な問題の解法を理解してもらうことに本の主眼を置くのではなく、数学の悩みを解決することに主眼を置き、その点に絞り心得という形で載せました。
「問題で注目すべきポイント」、「解法でミスしやすいポイント」、

「楽な計算方法」、「公式のランク付け」、「共通テスト数学の心構え」、
「大学入試数学の注意点」、「高校数学の勉強法」
　などなど、上に載せた例のような数学の悩みを全て解決して、高校数学
を好きになり得意にしていくために必ず知っておくべき事柄をまとめてい
ます。

　筆者は、今まで 25 年以上学習塾で高校生の数学の指導に携わってきま
した。
　学習塾にはいろいろな高校の生徒が通っており、難関大志望の生徒もい
れば、高校の赤点対策として通塾している生徒もいます。
　学習塾に通う高校生達は、それぞれ必要とする数学の到達点も違えば、
数学の理解度も大きく異なっています。
　そういう様々な高校生達の悩みを共有し、一緒に試行錯誤し、解決して
いく中で一つ一つの心得が生まれました。
　机上の空論ではなく、高校生たちの生の声から生まれた心得は、数学を
学習していくうえで、実際に役立つ切れ味鋭い武器となります。
　数学の到達点や理解度に関係なく、数学の悩みを抱えたどの高校生に
とっても、悩みを解決するための大きな手助けとなるはずです。
　この本に書かれている「高校数学２１５の心得」をしっかり頭に入れ、
それを踏まえて参考書や教科書、問題集などで問題の解法をマスターして
いけば、数学が好きになり得意になることは間違いありません。

『心得の学習の仕方』
　まずは心得とその解説をしっかり読んだ後、心得に合わせた問題をじっ
くり解いてください。
　問題が解けたら、次は巻末の詳解に目を通し、答えが合っていることと
解法の確認を行いましょう。
　詳解には、数学が苦手な人でも悩まずに理解できるよう、一般的な問題

集の解答では省略されがちな基本的な計算や解答の過程まで、詳しく載せてあります。

　また、解法が別に考えられる問題については（別解）を、問題によっては【一言アドバイス】も載せてあります。これらもきっちり読んで、さらにその問題に対する理解を深めましょう。

　数学は量より質です！

　やみくもにたくさんの問題を解くのではなく、自分のものにできるまで、一問一問に十分な時間をかけることが大切です。

　心得を確実にあなたの力にできるよう、一つ一つの心得についてじっくり取り組んでいってください。

※この本は、数学を苦手とする人でも無理なく読めることを目標にして書いたため、数学としては、厳密性に欠ける表現が多くあります。
　そのため、高校数学を指導されている方から見ると、ご納得いかないところもあるかと思いますが、ご容赦いただければ幸いです。

目次

数学 I

§ 三角比

【その1】

> 三角比の問題の中に直角三角形が出てきたら、
> 鋭角の三角比の定義を使うことが多い

鋭角の三角比の定義

∠ B = 90°の直角三角形 ABC において

$$\sin A = \frac{a}{b}$$

$$\cos A = \frac{c}{b}$$

$$\tan A = \frac{a}{c}$$

・三角比の問題になると、すぐに正弦定理や余弦定理を使おうと考える人がいますが、直角三角形が問題の中にある場合には、まず三角比の最初で学習した「鋭角の三角比の定義」が使えないか考えてください。
直角三角形に絡んだ問題の多くは、この定義で楽に解くことができます。

鋭角の三角比の定義がどうにも覚えられない、間違えるという人は以下を読んでください。
定義のアンバランスな部分がすっきりして、覚えやすくなる人もいるかと思います。

上以外の鋭角の三角比の定義

∠ B = 90°の直角三角形 ABC において

$$\mathrm{cosec} A = \frac{b}{a} \quad \left(\frac{1}{\sin A} \right)$$

$$\sec A = \frac{b}{c} \quad \left(\frac{1}{\cos A} \right)$$

$$\cot A = \frac{c}{a} \quad \left(\frac{1}{\tan A} \right)$$

・三角形には辺が3本あるので、そこから2辺を選んで分数の形に書く選び方は

　3×2＝6通り

考えられます。

本来は実は、その6種類それぞれに $\sin A$, $\cos A$, $\tan A$, $\mathrm{cosec} A$, $\sec A$, $\cot A$ と定義があります。

ですが $\sin A$, $\cos A$, $\tan A$ から求めることができるので、工業系など特別な数学の教科書を除き、一般的な数学Ⅰや数学Ⅱの教科書には $\mathrm{cosec} A$, $\sec A$, $\cot A$ は載っていません。

そのため何かアンバランスな印象を与えてしまうのか、三角比の定義を覚えるのに時間がかかったり、すぐに間違えてしまう人もいるようです。6種類のうちの3種類に絞って学習しているという意識を持つことで、アンバランスな印象がなくなり頭に入りやすくなることもあるようです。

(問題1)

$AB = 2$, $\angle B = 45°$, $\angle C = 30°$ の $\triangle ABC$ がある。BC, CA の長さを求めよ。

$(BC = \sqrt{2} + \sqrt{6}$, $CA = 2\sqrt{2})$　　※詳解は巻末

【その2】

角度の小さい三角比で表したければ、

$$\sin(90° - \theta) = \cos\theta \ , \ \cos(180° - \theta) = -\cos\theta$$

などの公式を使う

180°－θ の公式

$$\sin(180°-\theta) = \sin\theta$$

$$\cos(180°-\theta) = -\cos\theta$$

$$\tan(180°-\theta) = -\tan\theta$$

90°－θ の公式

$$\sin(90°-\theta) = \cos\theta$$

$$\cos(90°-\theta) = \sin\theta$$

$$\tan(90°-\theta) = \frac{1}{\tan\theta}$$

・鈍角の三角比なら $180°-\theta$ の公式、

$45° \leqq \theta \leqq 90°$ の三角比なら $90°-\theta$ の公式で、

最終的には $0° < \theta < 45°$ の三角比に直せます。

これらの公式は覚えていなくても、どれも三角関数の加法定理や図から

導き出せます。

（問題2）

次の三角比を、それぞれ 0°以上　45°以下の角の三角比で表せ。

(1) $\sin 110°$ 　　　(2) $\cos 154°$ 　　　(3) $\tan 170°$

　　　$(\cos 20°)$ 　　　　　　$(-\cos 26°)$ 　　　　　　$(-\tan 10°)$

※詳解は巻末

【その3】

三角比と辺が混ざった式は、辺だけの式に直す

・三角形の形状を答える問題など、三角比と辺が混ざった問題では

正弦定理と余弦定理を使って、辺（長さ）だけの式に直すのが基本です。

扱いにくくなることが多いため、角度だけの式に直すことはあまりあり

ません。

（問題３）

等式　$b\sin^2 A + a\cos^2 B = a$ を満たす△ABC はどのような三角形か。

（BC=AC の二等辺三角形）※詳解は巻末

【その４】

球の体積を求める公式は、『身の上に心配あ～る参上！』

$$V = \frac{4\pi r^3}{3}$$

・超有名な語呂合わせなので、知っている人も多いかと思います。

　ちなみに球の表面積の公式は次のとおりです。

　　$S = 4\pi r^2$

　（こちらは語呂合わせになっていませんが、"心配あーるに" とでも覚
　えましょう。）

　どちらの公式も、中学校の数学でも学習しているものですが、忘れてい
　る高校生が多いようです。

　自力で導き出せる人はよいですが、そうでない人は確実に頭に入れてく
　ださい。

（問題４）

半径 6 の球の体積と表面積を求めよ。　（体積 288π,　表面積 144π）

※詳解は巻末

【その５】

三角形の面積比を求めるときは、共通な高さ・相似に注目！

相似比と面積比

　相似な平面図形 S, T について，相似比を $m:n$ とする。

このとき，面積比は $m^2 : n^2$，

（S，T が立体図形の場合の体積比は $m^3 : n^3$）

高さが共通な三角形の面積比

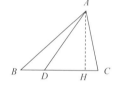

右図で AH ⊥ BC とすると、

△ABD と△ACD の面積比は BD : CD　（底辺の比）

（高さ AH が共通なので）

・相似な三角形同士の場合は、相似比を 2 乗した比が面積比になります。

2 つの三角形に共通な高さが取れれば、底辺の比が面積比になります。

三角形の面積比を求める問題は、ほとんどがこの 2 つで処理できます。

（問題 5 ）

平行四辺形 ABCD の辺 AB の中点を P、辺 BC 上を 3 : 2 に内分する点を Q とし、対角線 AC と DP，DQ の交点をそれぞれ R, S とする。次の図形の面積比を求めよ。

(1)　△APR : △CDR　　　　　(2) △DRS : 平行四辺形 ABCD

　　　　（1 : 4）　　　　　　　　　　　　　（4 : 21）　※詳解は巻末

【その 6 】

0°〜180°までの基本的な三角比の値は、覚えてしまうこと！

・もちろん単位円で考えることが基本ですが、共通テストなどのような制限時間が厳しい試験のことを考えると、暗記しておくことも重要になります。

（問題6）

次の表を埋めよ。　　　　　　　　　　　　　　　　※解答は巻末

θ	$0°$	$30°$	$45°$	$60°$	$90°$	$120°$	$135°$	$150°$	$180°$
$\sin\theta$									
$\cos\theta$									
$\tan\theta$					$\times$				

【その7】

正弦定理と余弦定理では、余弦定理の方が圧倒的に使う機会が多い

正弦定理

$$\frac{a}{\sin A} = \frac{b}{\sin B} = \frac{c}{\sin C} = 2R \quad （R は外接円の半径）$$

余弦定理

$$a^2 = b^2 + c^2 - 2bc\cos A$$
$$b^2 = c^2 + a^2 - 2ca\cos B$$
$$c^2 = a^2 + b^2 - 2ab\cos C$$

・一組の向かい合う辺と角の値が与えられていて、更にもう一つの辺（角）の値が与えられているとき、または外接円の半径について述べられているときに正弦定理は主に使います。

　条件がかなり厳しいので、実際には余弦定理の方が使う機会は圧倒的に多いです。

　二辺と一つの角が与えられているとき、三辺が与えられているときは、例外はありますが基本的には余弦定理を用います。

　どちらを使うか悩んだときは、余弦定理から考えてみるとうまく解けることが多いようです。

△ ABC において、B = 45°, BC= $3\sqrt{2}$, CA=$2\sqrt{3}$ のとき、AB と sin$C$ を求めよ。

$$(\text{AB} = 3 \pm\sqrt{3} , \sin C = \frac{\sqrt{6} \pm\sqrt{2}}{4})$$　　※詳解は巻末

【その8】

三角比が一つ与えられれば、他は三角比の相互関係の公式から求められる

三角比の相互関係

$$\tan\theta = \frac{\sin\theta}{\cos\theta} , \quad \sin^2\theta + \cos^2\theta = 1, \quad 1+\tan^2\theta = \frac{1}{\cos^2\theta}$$

・三角比や三角関数の問題を解くときには、必需品となるとても大切な式ですが、忘れていたり、使い慣れていないために時々悩む人がいます。

一つの三角比から他の三角比を求めるときや、他の三角比で表したいときに、考えなくても手が動くようになるまで、十分に練習しておきましょう。

（問題8）

$\tan\theta = -3$ のとき, $\sin\theta$, $\cos\theta$ の値を求めよ。

ただし、$0° \leq \theta \leq 180°$ とする。

$$(\cos\theta = -\frac{1}{\sqrt{10}} , \sin\theta = \frac{3}{\sqrt{10}})$$　　※詳解は巻末

【その9】

$0° < x < 180°$ では $\sin x$ は正

・つまり数学 I では常に $\sin x \geq 0$ です。

計算途中や答えを求めた後などに必ず確認しましょう。

（問題9）

$\cos \theta = -\dfrac{3}{5}$ のとき、$\sin \theta$ の値を求めよ。ただし、$0° \leqq \theta \leqq 180°$ とする。

$$\left(\sin \theta = \dfrac{4}{5}\right) \qquad ※詳解は巻末$$

【その10】

$90° < x < 180°$ では $\cos x$ も $\tan x$ も負

・数学Ⅰでは常に $\cos x$ と $\tan x$ の符号は一致します。問題を解くときの初めの一歩として使うこともありますので、忘れないようにしましょう。

（問題10）

$\cos \theta = -\dfrac{1}{3}$ のとき, $\tan \theta$ の値を求めよ。ただし、$0° \leqq \theta \leqq 180°$ とする。

$$(\tan \theta = -2\sqrt{2}) \qquad ※詳解は巻末$$

【その11】

内接円の半径を用いた『三角形の面積の公式』は、面積を求めるものではなく、半径を求めるために使うもの

・$\triangle$ ABC の面積を S 、3辺の長さを a, b, c 、内接円の半径を r とするとき

$$S = \dfrac{1}{2} r (a+b+c)$$

が成り立つ。

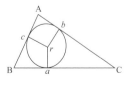

この公式で面積を求める問題はあまり見かけません。

三角形の面積を他の方法で求めた後、それを用いて、

この公式から内接円の半径を求めさせる問題が一般的です。

「三角形の面積」、「内接円の半径」という言葉が問題文に出てきたら

この公式を使うのかも知れないと考えてみましょう。

（問題 11）

　3 辺の長さが 4, 13, 15 であるような三角形の面積と内接円の半径を求めよ。

（面積 24, 半径 $\dfrac{3}{2}$ ）　　※詳解は巻末

【その 12】

三角形において、内角の二等分線の長さを求める問題では、内角が $60°$, $90°$, $120°$ ならば面積で求める

三角形の面積の公式

　△ ABC の面積を S とすると、

$$S = \frac{1}{2}\, ab \sin C = \frac{1}{2}\, bc \sin A = \frac{1}{2}\, ca \sin B$$

・内角 A を二等分した角度 θ が $30°$、$45°$、$60°$
　のようにその三角比が求められるときは、
　△ ABC ＝△ ABD ＋△ ACD と面積を求め
　ることで、AD の長さを楽に求められます。

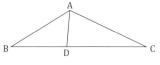

（問題 12）

　△ ABC において、AB=4，CA=5，∠ BAC=120°，∠ BAC の二等分線と辺 BC の交点を D とする。このとき、AD の長さを求めよ。

（AD ＝ $\dfrac{20}{9}$ ）　※詳解は巻末

【その 13】

三角形の 2 辺の長さの和は、他の 1 辺の長さより大きい
三角形の 2 辺の長さの差は、他の 1 辺の長さより小さい

三角形の成立条件

正の数 a,b,c に対して

3辺の長さが a,b,c である三角形が存在する $\Leftrightarrow |b-c|<a<b+c$

またはく、 $\begin{cases} a+b>c \\ b+c>a \\ c+a>b \end{cases}$

・この三角形の成立条件を考える作業が抜けてしまい、

正答にたどり着かない人は大勢います。

三角形の問題を解くときは、常にこの条件が必要になるか

考えながら問題に挑んでいきましょう。

（問題13）

3辺の長さが 3，5，x である三角形が鋭角三角形となるように、x の範囲を定めよ。

$(4<x<\sqrt{34}\ )$　　※詳解は巻末

【その14】

ヘロンの公式はそれほど利用する機会は少ない

・三角形の各辺が有理数なら、ヘロンの公式で面積を求めるのは

速く解ける方法ですが、無理数が混ざっているときには

使っても逆に計算に時間がかかることが多くなるためお勧めできません。

入試の必須公式とは言えませんので、

余裕があれば覚える程度で良いと思います。

ヘロンの公式

$\triangle$ ABC の面積を S，3辺の長さを a,b,c

とするとき

$$S=\sqrt{s(s-a)(s-b)(s-c)}$$

ただし $s=\dfrac{a+b+c}{2}$

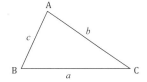

(問題 14)

△ABC において、$a=5$, $b=7$, $c=8$ とするとき、面積 S を求めよ。

$(10\sqrt{3})$ ※詳解は巻末

【その 15】

二つの図形の面積比を求めるときは、直接二つを比べずに、元となる図形とお互いを比べることが多い

・ベクトルの問題などで、三角形の中にできた幾つかの三角形同士の
　比を求める問題はよく見かけますが、
　こういう時は比を求めたい三角形同士を直接比べずに、
　元の大きな三角形とそれぞれの三角形を比べると求めやすくなります。
　詳しくは問題 15 の詳解を参照してください。

(問題 15)

△ABC の辺 AB, 辺 BC, 辺 CA をそれぞれ 3：1, 2：9, 3：2 に内分する点を P, Q, R とするとき、△APQ と△CRQ の面積比を求めよ。

$(5：18)$ ※詳解は巻末

【その 16】

正三角形では、四心（重心・外心・内心・垂心）は一致する

・正三角形の内心の座標を求める場合など、
　重心や垂心の座標を求めた方が早い場合もあります。
　四心それぞれの定義と性質をしっかり覚えておきましょう。

(問題 16)

1 辺が 5 の正三角形の外接円の半径を、正弦定理を用いずに重心を利用して求めよ。

$\left(\dfrac{5\sqrt{3}}{3}\right)$ ※詳解は巻末

【その17】

曲面上の２点を結ぶ最短経路を求める問題は、展開図を考える

・曲面のまま考えるのは難しいですが、展開図を考えることで平面に直せば小学校～高校まで学習してきた平面図形に関する知識を使うことができ、問題を易しくすることができます。

　曲面上の最短経路を求める問題は、高校入試などでよく出題されますが、大学入試でも時々出題されています。

（問題17）

底面の半径が 2，母線（OA）が 3 の直円錐がある。この直円錐の頂点を O，底面の直径の両端を A，B とし、線分 OB の中点を C とするとき、側面上で A から C に至る最短距離を求めよ。

$$(AC = \frac{3\sqrt{7}}{2})$$ 　※詳解は巻末

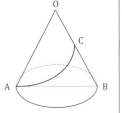

【その18】

円（球）は、半径と中心で決まることを忘れない

・中心の位置と半径の長さのみで円（球）は決まることを頭に入れながら問題を解くと、初見の円（球）の応用問題などでは、解法の方針が立てやすくなることが多いです。

右図のように半径 3 と 5 の円が外接し
ている。

2 つの円の中心をそれぞれ A，B とし、
2 つの円の共通接線との接点をそれぞ
れ P，Q とするとき、線分 PQ の長さ
を求めよ。

（ PQ=2$\sqrt{15}$ ）　※詳解は巻末

【その 19】

$\sin x$ と $\cos x$ の分母は基本的にはいつも同じ数になる

・$\sin x$ と $\cos x$ の分母は同じ数になることを覚えておくと、
　計算時のミスを減らせ、検算もできます。（約分がないとき）

$\cos x = \dfrac{13}{17}$ のとき、$\sin x$ の値を求めよ。ただし、$0° \leq x \leq 180°$ とする。

（ $\sin x = \dfrac{2\sqrt{30}}{17}$ ）　※詳解は巻末

【その 20】

円錐台（プリンの形）は、延長して円錐にして考える

・円錐台は、上底 (小さい円) に円錐を乗せて、大きな円錐を作り、
　そこから乗せた小さい円錐を引いて考えるのが基本です。
　円錐台は見慣れないという人が多いと思いますが、円錐ならば
　小学校から学習していることもあり考えやすいはずです。
　ちなみに角錐台も、円錐台の解き方と同様に考えるのが基本です。

(問題 20)

上面の半径が 2，底面の半径が 3，
高さが 2 の円錐台の体積を求めよ。

$\left(\dfrac{38\pi}{3} \right)$　※詳解は巻末

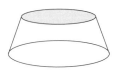

【その 21】

2 点 A、B を結ぶ最短経路は、線分 AB

・当たり前のように思えますが、円錐の側面に最短の糸を巻く問題など、
展開図上の線分に直して考えることができない人もいるようですので、
確認しておいてください。

(問題 21)

底面の半径が 3，高さが 3π の直円柱
に右の図のように側面に沿って点 A と
点 B を糸でつなぐ。
このとき、糸の長さの最小値を求めよ。

$(3\sqrt{5}\,\pi)$　※詳解は巻末

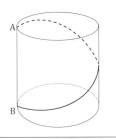

【その 22】

半弧に対する円周角は 90° は、意外と使うことがある

・半弧の扇形の中心角は 180° ですから、円周角は 90° になります。
つまり、円の直径の両端から円上の点に伸ばした
2 直線は垂直に交わることになります。
三角比の問題はもちろん、軌跡の問題などでも、
知らないと解けない問題が時々出てきます。

(問題22)

右図において、O は円の中心である。

∠CBD=40°、 ∠EBD=30° とするとき、

∠BED と ∠BDC の値を求めよ。

（∠BED=50°, ∠BDC=80°）　※詳解は巻末

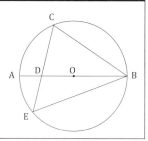

【その23】

2本の平行線を結ぶ一番短い線分は、平行線の距離である

・鉄道の線路の幅には、「狭軌」と呼ばれる 1067mm、「標準軌」と呼ばれる 1435mm などがあります。線路の2本のレールはもちろん平行であり、その線路の幅とはレール間を結ぶ一番短い線分の長さ、すなわち2本の平行線の距離のことです。

当たり前のことではありますが、気づかないと問題を解くのに無駄な時間を使うということがありますので、念のため確認しておいてください。

(問題23)

直線 $y = \dfrac{1}{2}x$ 上の点と、直線 $y = \dfrac{1}{2}x + 3$ 上の点を結ぶ

線分の長さの最小値を求めよ。

（$\dfrac{6\sqrt{5}}{5}$）　※詳解は巻末

§ 整式・有理数・絶対値・一次不等式など

【その 24】

> **最大次数の項の係数が文字のときは、値が 0 になるか気をつける**

・例えば二次の項の係数が 0 になる可能性がある方程式では、
　係数が 0 のときとそうでないときで場合分けする必要があります。
　係数が 0 のときは、二次方程式にはならないので、例えば判別式などは
　使えません！

(問題 24)

x の方程式　$mx^2 - 2(m+3)x + m + 10 = 0$　が実数の解をもつような
負でない整数 m をすべて求めよ。

$(m = 0,\ 1,\ 2)$　　※詳解は巻末

【その 25】

> **定数が文字のとき、正の数だと勝手に決めつけない**

・定数が a などのような文字のとき、どこにも a が正の数とは書かれてい
　ないのに、正の数だと勝手に思ってしまう人がいます。
　式の中に $+a$ などと書かれている場合はなおさらです。十分に気をつけ
　ましょう。

(問題 25)

b を実数とするとき、x の不等式　$bx - 5 < 0$　を解け。

$(b > 0$ のとき、$x < \dfrac{5}{b}$, $b < 0$ のとき、$x > \dfrac{5}{b}$, $b = 0$ のとき、全ての実数$)$

※詳解は巻末

【その 26】

複数の文字が入った整式の降べきの順は、スラスラできるまで練習すること

・定期試験はともかくとしても、まともな入試問題では、複数の文字が入った整式を降べきの順に並べなおすという作業は頻繁に出てきます。こんな段階でつまずいていては満足に問題が解けるはずがありません。悩まないで素早くできるようになるまで、十分に練習しておきましょう。

（問題 26）

整式 $3x^2y + 5xy^3 - 4x + 6x^2 - 3y + 7xy - 3$ を x について降べきの順に整理せよ。

$$((3y+6)x^2 + (5y^3+7y-4)x - 3y - 3)$$　※詳解は巻末

【その 27】

因数分解は、共通因数がないか考えることからスタート

・因数分解のときに、すぐに公式に当てはめたり、たすき掛けを始める人がいますが、まず最初にチェックすべきは、共通因数がくくり出せないか確認することです。そんなの当たり前だと言える人はよいのですが、確認を怠りミスをする人が意外といます。

（問題 27）

$4x^2 - 36y^2$ を因数分解せよ。

$$(4(x+3y)(x-3y))$$　※詳解は巻末

【その 28】

難しい因数分解の問題に学習時間を使いすぎないよう気をつけること

・因数分解はパズルのように難しいものもありますが、

$$a^3 + b^3 + c^3 - 3abc$$

この式程度の因数分解ができれば実際にはそう困るケースはありません。

パズル気分で難解な因数分解に挑戦するのは構いませんが、限られた受験勉強の時間を無駄に過ごすことのないように気をつけてください。

(問題28)

$a^3 + b^3 + c^3 - 3abc$ を因数分解せよ。

$$((a+b+c)(a^2+b^2+c^2 - ab - bc - ca))$$ ※詳解は巻末

【その29】

四次式の因数分解で、複二次式パターンはしっかりできるようにしておくこと

・定数項，2 次の項，4 次の項のみなら、$x^2 = A$ とおくことによって二次式に帰着できます。

そのまますぐに因数分解できるパターンもありますし、問題によっては、平方の差をつくって因数分解するパターンで処理できます。

(問題29)

次の式を因数分解せよ。

(1) $x^4 - 5x^2 + 4$ (2) $x^4 - 7x^2 + 9$

$((x+2)(x-2)(x+1)(x-1))$ $((x^2+x-3)(x^2-x-3))$

※詳解は巻末

【その30】

定数と変数の積 (単項式) では定数を先に書く

・数字をアルファベットより前に書くことは中学校で学習していますので、円周率 π、ネイピア数 e などの定数も、$2\pi r$ などのように変数より前

に書きます。

ギリシャ文字をアルファベットの前に書くという説明をどこかで見たことがありますが、これは一概に正しいとは言えません。

例えば $\cos n\theta$ は、普通 n が定数で θ を変数として扱うため、ギリシャ文字がアルファベットより後ろにきます。

定数と変数の区別をしっかりしてつまらないミスを減らすためにも、順番はきっちり守りましょう。

(問題 30)

文字式のきまりにしたがって、次の式を表せ。

(1) $x \times 3 + y \times c$

$(3x + cy)$

(2) $a \div 4 \div b \times c \times 9$

$\left(\dfrac{9ac}{4b} \right)$

【その 31】

（分数）＝（分数）の計算に慣れておくこと

$$\frac{A}{B} = \frac{C}{D} \Rightarrow A \times D = B \times C$$

・正弦定理や分数式の計算など、（分数）＝（分数）の形は度々出てきます。幾つか変形の仕方は考えられますが、ほとんどの場合、上のように分母を払った式を作るのが解きやすいと思います。

(問題 31)

x の方程式 $\dfrac{5}{3} = \dfrac{5x}{x+8}$ を解け。 $(x=4)$ ※詳解は巻末

【その 32】

有理数同士を四則演算した答えも有理数である

背理法

命題が偽（または命題の結論が成り立たない）と仮定して、矛盾を導き、

命題を真とする証明方法。

・$\sqrt{2}$ が無理数であることを利用して、$\sqrt{2}+3$ が無理数であることを
証明するような背理法などの問題では、有理数同士の四則演算が
有理数になることを使わないと証明ができません。

（問題32）

$\sqrt{6}$ が無理数ならば、$\sqrt{2}+2\sqrt{3}$ も無理数であることを示せ。

※詳解は巻末

【その33】

算数〜数ⅡBまでの範囲で出てくる無理数は、外せない $\sqrt{}$ と π、それ以外は有理数

・もちろん $\sqrt{2}$ が無理数であることを証明するときなどのように、
有理数の定義も大切ですが、まずは無理数と有理数について、
上のようにざっくりとした区別ができることが重要です。

（問題33）

次の数の中から無理数を選べ。

$-\sqrt{9}$, $3\pi-3$, $2\sqrt{2}$, $-5\sqrt{5}+5\sqrt{5}$, $-7\pi+6\sqrt{7}$, $\sqrt{3}^2$

$(3\pi-3, \ 2\sqrt{2}, \ -7\pi+6\sqrt{7})$ ※詳解は巻末

【その34】

有理化は計算途中ではやらない方が良い場合も多い

・2乗する場合、約分できる場合など、有理化してしまうと数字が大きく
なり、余計に計算に時間がかかることになります。
最終的な解答は有理化して答えるべきですが、計算途中での有理化を行
うべきタイミングについては、いろいろな問題を解く中で掴んでいきま
しょう。

27

（問題 34・三角比から出題）

△ABC において、AB = 5， BC = $\sqrt{61}$， CA = 4
とする。

BC 上に CD = $\dfrac{4\sqrt{61}}{9}$ となる点 D をとるとき、

$\cos C$ と AD を求めよ。

$\left(\ \cos C = \dfrac{13\sqrt{61}}{122}，\ \text{AD} = \dfrac{20}{9}\ \right)$　※詳解は巻末

【その 35】

二重根号のうち外せるものは外して答えるべきなので、『二重根号の公式』を覚えるか、または公式を作れるようにしておこう

$$\sqrt{(a + b) \pm 2\sqrt{ab}} = \sqrt{a} \pm \sqrt{b}\ （\text{ただし } a \geq b）$$

・数 II の三角関数の半角の公式を使ったときなどに、
　二重根号の解が出てくることがあります。
　外せる場合は外すべきなので、それほど使用頻度は高くはないですが
　『二重根号の公式』は一応使えるようになっておきましょう。

（問題 35）

次の式の二重根号をはずして簡単にせよ。

(1) $\sqrt{10 - \sqrt{84}}$　　　　(2) $\sqrt{3 - \sqrt{5}}$

$\left(\ \sqrt{7} - \sqrt{3}\ \right)$　　　$\left(\dfrac{\sqrt{10} - \sqrt{2}}{2}\right)$　　※詳解は巻末

【その 36】

3 乗の展開公式・因数分解の公式は、高校 1 年生の段階で覚えてしまうこと

3乗の乗法公式

$$(A \pm B)^3 = A^3 \pm 3A^2B + 3AB^2 \pm B^3$$
$$(A \pm B)(A^2 \mp AB + B^2) = A^3 \pm B^3$$

・3乗の乗法公式・因数分解の公式は、厳密には数学Ⅱで学習するものですが、実際には数学Ⅰでも、対称式の問題などで度々出題されているのを見かけます。

2乗とか3乗とかの区別にこだわらず、乗法公式としてまとめて覚えてしまいましょう。

（問題36）

$x + \dfrac{1}{x} = 3$ のとき、次の式の値を求めよ。

(1) $x^2 + \dfrac{1}{x^2}$　　　　　(2) $x^3 + \dfrac{1}{x^3}$

　　　（7）　　　　　　　　（18）　　　※詳解は巻末

【その37】

絶対値の外し方は場合分けだけでなく簡便法も覚えておくこと

絶対値の簡便法

$a > 0$ のとき

$|x| = a$　　　⇔　　　$x = \pm a$

$|x| > a$　　　⇔　　　$x < -a,\ a < x$

$|x| < a$　　　⇔　　　$-a < x < a$

・絶対値を見たらすぐ2乗する人がいますが、それは計算が複雑になったり、余計な解が出たりするため、好ましいことではありません。

絶対値の外し方の基本は、中身の正負による場合分けですが、

$|x| = a,\ \ |x| < a,\ \ |x| > a$　（a は正の数）

については、上の簡便法で解くのが楽です。

次の方程式、不等式を解け。

(1) $2|3x - 1| = 4$　　　　(2) $-|x + 5| + 6 > 2$

　　　$(x = 1, \ -\dfrac{1}{3})$　　　　　　$(-9 < x < -1)$

※詳解は巻末

【その 38】

絶対値の問題は、2 つの絶対値が入った不等式が解ければ仮卒業である

絶対値

数直線上で、原点 0 から点 $A(a)$ までの距離を実数 a の絶対値といい、$|a|$ と表す。

$$|a| = \begin{cases} a & (a \geq 0) \\ -a & (a < 0) \end{cases}$$

・更に上のレベルで、

「3 つ以上の絶対値が入った問題」、

「絶対値の中に絶対値が入った問題」

などもありますが、「2 つの絶対値が入った不等式」が解ければ、それより難しい絶対値の問題も、それほど苦にならずに解けるようになります。

不等式　$3|x - 2| - 2|x| < 2$ を解け。

　　　　　　　　　　　　　$(\dfrac{4}{5} < x < 8)$　　※詳解は巻末

【その39】

$$|A| \geq A, \quad \sqrt{A^2} = |A| \quad \text{は必ず覚えておくこと}$$

・数値で確認すれば、

$$|3|=3, \quad |-3| = 3 > -3, \quad \sqrt{(-3)^2} = |-3| = 3$$

と当たり前のことですが、

数Ⅱの不等式の証明問題などで度々使いますので、

しっかり覚えておきましょう。

(問題39)

$0 < x < 3$ のとき、$2\sqrt{x^2} + 3\sqrt{x^2 + 2x + 1} - 2\sqrt{x^2 - 6x + 9}$ を簡単にせよ。

$(7x - 3)$ ※詳解は巻末

【その40】

不等式の整数解問題は、数直線を書いて考えるのが基本

・簡単な不等式なら頭の中で考えても間違えないと思いますが、

文字が入った不等式など多少ややこしい不等式の場合は、

数直線を書いて考えないと思わぬミスに陥ることになります。

(問題40)

x についての不等式 $7x - 6 \leq x - 5 \leq 3x + k + 1$ を満たす整数の個数が6個であるように、定数 k の値の範囲を定めよ。

$(4 \leq k < 6)$ ※詳解は巻末

【その41】

分数の計算は、約分できる可能性を考えながら計算しすぎないように注意する

・もちろん時と場合によりますが、分母×分母など計算してしまわないで、

そのままにしておいた方が後々約分などが楽になることは度々あります。

（問題 41）

$_{10}C_5 \div {}_{10}P_4$　を計算せよ。　　　　　（ $\dfrac{1}{20}$ ）　※詳解は巻末

【その 42】

根号の中身がかけ算で表されているときは、かけ算してしまうのではなく素因数分解する

・$\sqrt{\ }$の前に出せる数字は出して答えるのですから、$\sqrt{\ }$の中身は素因数分解された形にした方が、前に出せる数をすぐに見つけられます。

（問題 42）

$\sqrt{51} \times \sqrt{119}$　を計算せよ。　　　　　（ $17\sqrt{21}$ ）　※詳解は巻末

§ 二次方程式・二次関数・二次不等式

【その43】

数学Ⅰの二次方程式の問題の中には、数学Ⅱで学習する二次方程式の『解と係数の関係』を利用すると楽に解けるものが多くある。

二次方程式の解と係数の関係

二次方程式 $ax^2 + bx + c = 0$ の解を α , β とすると

$$\alpha + \beta = -\frac{b}{a} , \quad \alpha\beta = \frac{c}{a}$$

が成り立つ。

・二次方程式の「解と係数の関係」は、以前は数学Ⅰで学習していたこともあり、現在でも数学Ⅰの問題集などで、これを使うと楽に解ける問題を多くみかけます。

(問題43)

二次方程式 $x^2 + ax + b = 0$ の2つの解が $2 \pm \sqrt{3}$ であるとき、定数 a, b の値を求めよ。 （ $a = -4, b = 1$ ） ※詳解は巻末

【その44】

方程式は、解を求めた後、その解が条件を満たすか検討すること

・中学数学でも、二次方程式の文章問題などの注意点として、解が条件を満たすか必ずチェックするように教えられてきているはずですが、意外と忘れてしまう高校生がいるようです。

せっかく方程式が解けて、もう一歩でゴールというところで間違えてしまうのはあまりにももったいないですので、十分に気を付けてください。

(問題 44)

方程式 $\sqrt{x+2} = x$ を解け。 （ $x=2$ ） ※詳解は巻末

【その 45】

マークシートの解答欄が分数て、分子が（整数）＋√ の形なら、解の公式かも知れない

・共通テストなどマークシートの試験では解答欄の形から解法を想像できることがあります。

　例えば、解答欄が分数の形で、分子が（整数）＋√ の形になっていたら、二次方程式を作って解の公式で解いた答えが入る可能性が高くなります。（もちろん必ず入るわけではありません。）

【その 46】

二次方程式において、x の係数が偶数のときの解の公式は、可能ならば使えた方が良い

二次方程式 $ax^2 + 2b'x + c = 0$ の解の公式

$$x = \frac{-b' \pm \sqrt{b'^2 - ac}}{a}$$

・係数が大きい数の二次方程式は、そのまま計算すると、
　計算が煩雑になり計算ミスを誘発することになります。
　必須公式とは言いませんが、受験生ならば可能な限り
　使えた方がよいです。

(問題 46)

二次方程式 $2x^2 - 18x - 27 = 0$ を解け。

$$\left(x = \frac{9 \pm 3\sqrt{15}}{2} \right)$$ ※詳解は巻末

【その47】

二次方程式の解の公式を考えれば、判別式の使い方は当たり前にわかる

二次方程式の解の公式

二次方程式 $ax^2 + bx + c = 0$ において、判別式を D とする。

$$x = \frac{-b \pm \sqrt{b^2 - 4ac}}{2a} = \frac{-b \pm \sqrt{D}}{2a}$$

D>0 のとき、二次方程式は異なる2つの実数解 $\frac{-b \pm \sqrt{D}}{2a}$ をもつ。

D=0 のとき、二次方程式は重解（1つの実数解）$\frac{-b}{2a}$ をもつ。

D<0 のとき、二次方程式は実数解をもたない。($\sqrt{D}$ が実数ではないので)

・二次方程式の判別式の使い方を覚えておくことは大前提ですが、
　解の公式の $\sqrt{}$ 内を考えれば、忘れた時にも思い出せます。

(問題47)

二次方程式 $x^2 - ax + a^2 - 1 = 0$ が実数解をもつような
実数 a の値の範囲を求めよ。

$$\left(-\frac{2\sqrt{3}}{3} \leq a \leq \frac{2\sqrt{3}}{3} \right) \qquad ※詳解は巻末$$

【その48】

二次関数の平方完成が面倒な時は、微分を使い極小値（極大値）として頂点を求める方が早い場合もある

・微分を履修済みの人が対象ですが、二次関数でも微分を用いて
　極値を求めれば、それが求める頂点になります。
　係数に文字式が入った二次関数では、平方完成よりミスなく解けます。

二次関数　$y = 3ax^2 - (a^2 - 3a + 5)\, x + 3a^2 + 4a + 2$ の軸を求めよ。

$$\left(\; x = \frac{a^2 - 3a + 5}{6a}\; \right)$$　　※詳解は巻末

【その 49】

二次関数を平方完成した後は、暗算で展開して元に戻ることを確認すること

・数学は答えが出せても、それが正解していないことには点数にはなりません。

　そのためにも検算可能なものは必ず検算するようにしましょう。

　二次関数の平方完成は、頂点を求めるだけの作業ですので、

　これで問題が終わりということはなく、大抵はこの後に問題が続きます。

　平方完成の間違いは致命的なミスになります。

二次関数　$y = 2x^2 - 8x + 7$ を平方完成して、頂点を求めよ。

また、平方完成した式を展開して、元の式に戻ることを確認せよ。

$$(\;(2,\; -1)\;)$$　　※詳解は巻末

【その 50】

二次関数の最大値・最小値の場合分け問題は、繰り返し練習してできるようにしておくこと

・二次関数の最大値・最小値の場合分け問題は、

　「グラフが動くパターン」、

　「定義域が動くパターン」

　がありますが、どちらも確実にできるようになるまで練習してください。

　この考え方がつかめれば、この後出てくるいろいろな場合分け問題が

楽に解けるようになります。

(問題50)

a を定数とする。二次関数 $y = x^2 - 2ax + a + 2$ （$1 \leq x \leq 3$）の最小値を求めよ。

$$\begin{cases} a < 1 \text{ のとき} & -a + 3 \\ 1 \leq a \leq 3 \text{ のとき} & -a^2 + a + 2 \\ a > 3 \text{ のとき} & -5a + 11 \end{cases}$$

※詳解は巻末

【その51】

x が全ての実数値をとるとき、グラフが上に凸の二次関数の最大値、下に凸の二次関数の最小値は、共に頂点の y 座標

・グラフの形を考えれば当たり前のことなのですが、定数が文字になったりすると悩む人もいるようですので、念のためもう一度確認しておいてください。

最大値

最小値

(問題51)

二次関数 $y = -x^2 - 2(a + 3)x + 2a - 1$ の最大値を求めよ。

（$x = -a - 3$ のとき、最大値 $a^2 + 8a + 8$）　※詳解は巻末

【その52】

二次関数の式を求める問題は、答えが出た後、点を代入して検算すること

・上でも書きましたが、検算は正答していることを確認してこれ以降につなげるために大切なことです。

問題を最後まで解き終わってから間違いに気がついても、
大抵の試験では直す時間の余裕はありません。

（問題 52）

二次関数のグラフが、3点$(-1, -2)$,　$(2, 7)$,　$(3, 18)$　を通るとき、
その二次関数を求めよ。また3点を代入して、答えが合っていること
を確認せよ。

$$(\ y = 2x^2 + x - 3\ )$$　　※詳解は巻末

【その 53】

二次関数の平行移動の問題は、移動元と移動先を間違えないように気を付けること

・日本語の問題ですが、「〜は」、「〜を」に十分に注意しましょう。

「AはBをどのように平行移動したものか？」

「Bを平行移動するとAと重なった。」

どちらも、Aが移動先、Bが移動元です！

（問題 53）

放物線　$y = -x^2 + 4x - 1$　は、放物線　$y = -x^2 - 6x - 11$　をどのよう
に平行移動したものか。

（x軸方向に5, y軸方向に5だけ平行移動したもの）　　※詳解は巻末

【その 54】

xに$-x$を代入するとy軸に関して対称移動したグラフ、yに$-y$を代入するとx軸に関して対称移動したグラフになる

グラフの対称移動

$y = f(x)$ のグラフを対称移動したグラフの式は次のようになる。

x軸に関して対称移動　　　　　$-y = f(x)$

y 軸に関して対称移動　　　　$y = f(-x)$

原点に関して対称移動　　　　$-y = f(-x)$

・どんな関数でも成り立つ事柄で、教科書にも載っているはずなのですが、意外と知らなかったり忘れていたりする人が多いようです。

　センター試験でも出題されたことがあります。

　もう一度確認しておきましょう！

(問題54)

放物線　$y = -2x^2 + 5x + 1$ を、x 軸、y 軸　に関して、それぞれ対称移動して得られる放物線の方程式を、平方完成を使わずに求めよ。

（x 軸対称……$y = 2x^2 - 5x - 1$,　　y 軸対称……$y = -2x^2 - 5x + 1$）

※詳解は巻末

【その55】

二次関数の最大値・最小値は、定義域の両端か頂点

・グラフを描いて考えるのが基本ですが、定義域の両端と軸の位置、頂点の値を調べればよいことを知っていると悩まずに済むことは多いです。

(問題55)

放物線　$y = x^2 - 10x + 2$（$-1 \leq x \leq 6$）の最大値・最小値を求めよ。

（$x = -1$ のとき最大値 13, $x = 5$ のとき最小値 -23）　　※詳解は巻末

【その56】

二次関数の平行移動では、開き方は変わらない

・二次関数の平行移動では、開き方つまり、2 次の項の係数は変わりません。これを知らないと（気づかないと）条件が足りなくなり、二次関数の式を求めることができなくなります。

放物線　$y = 2x^2$　を平行移動した曲線で、2 点（－2，11），（1，2）を通る放物線の方程式を求めよ。

$$（\ y = 2x^2 - x + 1\ ）\quad ※詳解は巻末$$

【その57】

二次不等式は、図など書かなくても解けるようパターンを覚えてしまうこと

・二次方程式の解の公式を暗記するのと同様に、二次不等式の解法はパターンとして頭に入れて、考えなくても解けるレベルにしておきましょう。

高校数学では度々使う基本的な計算なので、こんなところで無駄な時間を使うことは避けた方が賢明です。

(問題 57)

次の二次不等式を求めよ。

(1) $x^2 - 5x - 24 < 0$　　(2) $4x^2 - 4x + 1 \leq 0$　　(3) $2x^2 + 3x + 5 \leq 0$

　　　　$(-3 < x < 8)$　　　　　　$(x = \dfrac{1}{2})$　　　　　　（解はない）

※詳解は巻末

【その58】

係数に文字が入った二次不等式は、まずは因数分解できないか考えてみること

・係数が整数の二次不等式を解くときには、まずは因数分解できるか考えると思います。

係数に文字が入った二次不等式でも、まったく同様です。

まずは因数分解できるか考えましょう。

もちろん解の公式や判別式を使わないと解けない問題もありますが、
かなりの割合で因数分解により解が求まることが多いようです。

(問題 58)

a を定数とするとき、x についての不等式 $x^2+(2-a)x-2a<0$ を解け。

$$\begin{cases} a<-2 \text{ のとき} & a<x<-2 \\ a=-2 \text{ のとき} & 解はない \\ a>-2 \text{ のとき} & -2<x<a \end{cases}$$

※詳解は巻末

【その 59】

解が『全ての実数』、『解はない』 になる二次不等式を題材にした入試問題は、多く出題されている

・高校の定期試験では、あまり重要な扱いになっていない場合が多いと思いますが、

入試問題では上記の二次不等式は度々見かけます。

確実に理解しておきましょう。

(問題 59)

全ての実数 x に対して、不等式 $mx^2 + 3mx + m - 1<0$ が成り立つように、定数 m の値の範囲を定めよ。

$$\left(-\frac{4}{5} < m \leq 0 \right)$$

※詳解は巻末

§ データの分析

【その 60】

分散が平均値からのばらつきを表す量と分かっていれば、求め方は頭に入りやすい

・平均値からのばらつきなので、（データ）−（平均値）を考え、マイナスのばらつきはプラスのばらつきに直したいので 2 乗すると考えれば、分散の求め方は自然に覚えられます。

(問題 60)

データの値が x_1, x_2, x_3, これら 3 個の値の平均値を $\bar{x}$ とする。

このとき分散を求める式を書け。

また、データの値が x_1, x_2, $\cdots$, x_n これら n 個の値の平均値を $\bar{x}$ とする。

このとき、分散を求める式を Σ を用いて表せ。

$$\left(\frac{(x_1 - \bar{x})^2 + (x_2 - \bar{x})^2 + (x_3 - \bar{x})^2}{3} , \quad \frac{1}{n}\sum_{k=1}^{n}(x_k - \bar{x})^2 \right)$$

【その 61】

相関係数の公式は覚えておく方が望ましい

相関係数

x,y の分散をそれぞれ V_x, V_y, x と y の共分散を V_{xy}

相関係数を r とすると $r = \dfrac{V_{xy}}{\sqrt{V_x}\sqrt{V_y}}$

（$-1 \leq r \leq 1$, $\sqrt{V_x}$ は x の標準偏差、$\sqrt{V_y}$ は y の標準偏差）

・相関図、相関関係については述べられていても、相関係数は載っていない教科書も一部あるようですが、共通テストでも出題されたことがあり

ますし、大学入試で数学を使う人は覚えておきましょう。

（問題 61）

右の表は、児童 5 人の国語と算数の
テスト結果（10 点満点）である。
相関係数を求めよ。（ー 0.1）

※詳解は巻末

	1	2	3	4	5
国語	7	6	9	8	10
算数	8	6	5	4	7

【その 62】

「データの分析」の単元については、教科書を超えた知識も頭に入れておこう

・共通テストの数学などで出題される「データの分析」の問題は、
教科書の理解だけでは対応できないものが出題されることが多いです。
そのためにも、教科書の内容のみに留めずに、もう少し上の知識も
頭にいれておくと良いと思います。（ネットで統計学など調べてみよう。）

（問題 62）

インターネットや書籍で統計学について調べなさい。

§ 命題

【その 63】

命題と対偶の真偽は一致するが、逆と裏も真偽は一致する

・「逆の命題」を元の命題とすると、
「裏の命題」は「逆の命題」の対偶になるため、
真偽は一致します。
知っていると真偽の判断が楽になるので
ぜひ覚えておきましょう。

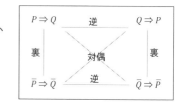

(問題 63)

次の命題の逆・裏・対偶 およびその真偽を答えよ。
「$x,\ y$ が実数のとき、$x + y > 0$ ならば $x,\ y$ の少なくとも一方は正」

※詳解は巻末

【その 64】

文系学部志望の生徒でも、$\sqrt{2}$ が無理数であることの背理法を使った証明はできるようになっておこう

・難関大を除いて、文系学部の入試問題に背理法を用いた
本格的な証明問題は出題されないと思います。
しかし、基本レベルの背理法の証明問題は出題される可能性はあります。
共通テストだけ数学を使う受験生も、念のため背理法の基本証明は
できるようになっておいた方がよさそうです。

(問題 64)

$\sqrt{2}$ が無理数であることを背理法を用いて証明せよ。
ただし、n^2 が 2 の倍数ならば、n も 2 の倍数であることを利用してよい。

※詳解は巻末

数学 A

§ 集合・場合の数・確率

【その65】

確率の問題は、問題を理解するために、いかにすばやく図や表を書けるかがポイントになる

・問題文の字面を眺めているよりも、図や表を書いて
問題を視覚的に捉えた方が、問題を把握しやすくなり、解きやすくなります。
特に場合の数や確率の問題では、つまらない考え違いを防ぐためにも
図や表を書くことは大切です。

(問題65)

次の問題について、ベン図を書いて考えよ。
3つの資格試験A試験、B試験、C試験について、受験した者全体の
集合をそれぞれ A, B, C で表す。
$n(A) = 65$, $n(B) = 40$, $n(A \cap B) = 14$, $n(B \cap C) = 9$,
$n(A \cap C) = 11$, $n(A \cup C) = 78$, $n(A \cup B \cup C) = 99$
のとき、次の問いに答えよ。
　(1) A試験、B試験、C試験の全てを受験した者の人数を求めよ。(4人)
　(2) A試験、B試験、C試験のどれか一つのみ受験した者の人数を求
　　めよ。

(73人)　※詳解は巻末

【その66】

場合の数の問題では公式を意識しすぎないこと

・場合の数の問題は、P（パーミュテーション）やC（コンビネーション）
などの公式に当てはめるという意識ではなく、図などで具体的に考えて

式を立てたら、その式の一部に公式を使えるところが、たまたま見つかる場合があるかも知れないという意識で、問題に取り組むのがよいです。教科書の例題レベルの問題ならば、公式に当てはめれば解けますが、それより上のレベルの問題になると、少し工夫が必要となり、単に公式に当てはめれば解けるというものではなくなってきます。

(問題 66)

5 個の数字 0, 1, 2, 3, 4 を使ってできる次の整数の個数を求めよ。

① 4 桁の整数

② 4 桁の偶数 　　　　（① 96 個　　② 60 個）　※詳解は巻末

【その 67】

確率で求めた答えが妥当なのか、可能な限り考えてみる習慣をつけると良い

・確率の答えは、良い検算方法がない場合も多く、合っているのか自信が持てない人もいるかと思います。

ですからなおのこと、自分が求めた答えが妥当なのか考えてみることは、数学力をアップさせる良い方法になります。

常識的に考えてほとんど起こりえない事象の確率なのに 1 に近い値が出てきた、逆にかなりの割合で起こりえると考えられる事象の確率なのに、0 に近い値になってしまったなど、求めた確率が妥当なのか考えれば、すぐに判断できる場合も度々あります。

(問題 67)

『6 回サイコロを振るとき、1 の目が 1 回だけ出る確率を求めよ。』

この問題をタロー君は次のように考えた。

「例えば 1 回目に 1 の目、2 ～ 6 回目に 1 の目以外が出るとすると、

その確率は　$\left(\dfrac{1}{6}\right)\left(\dfrac{5}{6}\right)^5 = \dfrac{5^5}{6^6}$ となる。

でも、1 の目が 2 回目に出るとき、3 回目に出るとき、……も同じ確率なので、

$$6 \times \frac{5^5}{6^6} = \frac{5^5}{6^5} = \frac{3125}{7776}$$

しかしこれが求める確率だとすると、2 の目が 1 回だけ出る確率、3 の目が 1 回だけ出る確率も同じ確率になるけど、

$\frac{3125}{7776} \times 3 > 1$ となり確率の和が 1 を超えてしまう！　何かがおかしい？」。

タロー君の間違いを直してあげなさい。　　　　　※詳解は巻末

【その68】

場合の数では、並べるときも選ぶときも、"異なるもの"なのか、"区別できないもの"なのかを把握することが大切

同じものを含む順列

a が p 個 , b が q 個 , c が r 個 , … の合計 n 個のものを
1 列に並べる並べ方の総数は

$$\frac{n!}{p!\, q!\, r! \cdots} \quad \text{ただし} \quad p + q + r + \cdots = n$$

・異なるものの順列ならば P（パーミテーション）、同じものを含むものの順列なら「同じものを含む順列」の公式を使うことになります。

　普段は当たり前にわかっているようでも、実際の問題を解くときになると、意外と間違える人がいるようです。

　いろいろな順列の問題を解いて確認しておきましょう。

（問題68）

internet の全ての文字を使ってできる順列の総数と、その中でどの t も、どの e より左側にあるものの数を求めよ。

(5040,　840)　※詳解は巻末

【その 69】

> ## くじ引きは、引いたくじを元に戻す場合も戻さない場合も、引く人数や順序に関係なく当たる確率は同じである

・引く順番が確率に影響するようだと、例えばショッピングセンターの福引など、みんなが引くタイミングを見計らうようになり、大混乱になってしまいます。

　変則的なくじ引きでもない限り、くじ引きでは当たる確率は誰もが等しいということを知っていると、特に時間が厳しい試験などでは有利になります。

(問題 69)

　10 本のくじの中に当たりくじが 3 本ある。A，B，C の 3 人が、この順番で 1 本ずつ 1 回だけこのくじを引くとき、C の当たる確率を求めよ。

　ただし、引いたくじは元に戻さないものとする。　$\left(\dfrac{3}{10} \right)$

※詳解は巻末

【その 70】

> ## 確率の和は 1 に近づくので起こりやすい確率になり、確率の積は 0 に近づくので起きにくい確率になる

排反事象

　2 つの事象 A，B が決して同時に起こらないとき、
　A と B は互いに排反であるという。

独立な試行

　2 つの試行 S，T について、それぞれの結果の起こり方が互いに影響を与えないとき、試行 S，T は独立であるという。

・排反事象の和事象の確率などは、一つの事象のときよりも起こりやすくなるため和をとり、確率が 1 に近づきます。

独立な試行の確率などは、両方とも起きるのは試行が一つのときよりも難しくなるため積を取り、確率が 0 に近づきます。

こう考えれば、和か積かは判断しやすいかと思います。

(問題 70)

3 つの資格試験 A，B，C があり、おのおのの試験に合格する確率を、

それぞれ $\dfrac{4}{5}, \dfrac{3}{4}, \dfrac{2}{3}$ とする。次の問いに答えよ。

(1) 3 つの試験全てに合格する確率を求めよ。 （ $\dfrac{2}{5}$ ）

(2) 2 つの試験にだけ合格する確率を求めよ。 （ $\dfrac{13}{30}$ ）

※詳解は巻末

【その 71】

反復試行の確率の公式で、C（コンビネーション）の部分は同じものを含む順列で考えておく方がよい

反復試行の確率の公式

ある試行において、事象 A が起こる確率を p（$0<p<1$）とする。

この試行を独立に n 回くり返すとき、事象 A が r 回起こる確率は

$$_{n}C_{r}\,p^{r}(1-p)^{n-r}=\frac{n!}{r!\,(n-r)!}\;p^{r}(1-p)^{n-r}$$

・教科書の公式としては C（コンビネーション）で記述されていますが、それでは 3 つ以上の事象が起こる場合の反復試行の確率問題が解きにくくなってしまいます。

例えば、

「A、B の 2 人が 6 回じゃんけんして、A が 3 回勝ち、2 回負け、1 回引き分ける確率を求めよ」

このような問題では、同じものを含む順列で考えると楽に解けます。

詳しくは次の（問題 71）の詳解を参照してください。

(問題 71)

A，Bの2人が6回じゃんけんして、Aが3回勝ち、2回負け、1回

引き分ける確率を求めよ。 （ $\frac{20}{243}$ ） ※詳解は巻末

【その 72】

組分けて同じ個数で分けるときは、グループ名があるかない かの判断が大切

・「10人をA組とB組の5人、5人に分ける」 場合と、

「10人を5人、5人の2組に分ける」 場合の違いを

しっかり理解しておきましょう。

ポイントは、グループに『組の名前』、『部屋名』、『代表者名』など、

グループ名があるかないかです。

(問題 72)

10人を次のようにグループに分ける方法は何通りあるか。

⑴ 5人，5人ずつ2部屋に入れる。 （252通り）

⑵ 5人ずつ2グループに分ける。 （126通り） ※詳解は巻末

【その 73】

2人のじゃんけんでは、勝つ確率、負ける確率、 引き分けになる確率は、どれも $\frac{1}{3}$

・もし2人のじゃんけんで勝つ確率と負ける確率が違ったなら、相手の方

が有利（不利）ということになり、じゃんけんで勝負を決めることが公

平ではなくなってしまいます。

3人、4人のじゃんけんくらいまでは、「誰かが勝つ確率」とか、「引き

分けになる確率」などを考えておいてください。よく出題されます。

3 人でじゃんけんをするとき、1 人だけが勝つ確率を求めよ。

（ $\dfrac{1}{3}$ ）　※詳解は巻末

【その 74】

集合の記号⊂は、＜の集合バージョンだと思うと覚えやすい

・＜が少し丸まって⊂になったと覚えておけば、向きで間違えることはなくなると思います。（小さい数）＜（大きい数）と同様に、（小さい集合）⊂（大きい集合）と覚えましょう。

正確には、（A の部分集合）⊂（集合 A）　です。

（問題 74）

x, y を正の定数とする。2 つの集合

$P = \{2x, \ 0, \ 3y - 2x\}$,　$Q = \{x + y, \ x^2, \ 2x - y, \ y\}$　について、

$P \subset Q$ となるとき、定数 x, y の値を定めよ。

（ $x = 4, \ y = 8$ ）　※詳解は巻末

【その 75】

∪をコップと考えて、∪は水がいっぱい溜まるから和集合の記号、∩は水がこぼれてしまってあまり入らないので共通部分の記号

和集合と共通部分

集合 $A, \ B$ について

和集合 $A \cup B$ ………A と B の少なくとも一方に属する要素全体の集合

共通部分 $A \cap B$ ……A と B のどちらにも属する要素全体の集合

AとBの和集合
$A \cup B$

AとBの共通部分
$A \cap B$

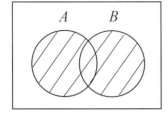
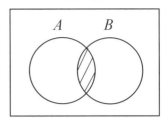

3 つの集合の和集合

$n(A \cup B \cup C) = n(A) + n(B) + n(C)$
$\quad - n(A \cap B) - n(B \cap C) - n(C \cap A) + n(A \cap B \cap C)$

・和集合 $A \cup B$ は A または B なので大きい集合 (要素の個数が多い集合)、
共通部分 $A \cap B$ は A かつ B なので小さい集合 (要素の個数が少ない集合)
です。

もちろんこれは覚え方であり、正しい数学の表現ではありません。

正確には、上に書いた「和集合と共通部分」が正しい定義です。

(問題 75)

150 以下の正の整数で、3 の倍数の集合を A，4 の倍数の集合を B，5
の倍数の集合を C とする。このとき、$A \cap B \cap C$ と　$A \cup B \cup C$ の要
素の個数をそれぞれ求めよ。

（2 個，　90 個）　※詳解は巻末

【その 76】

ド・モルガンの法則は短い線から長い線へ使う
$$\overline{A \cup B} = \overline{A} \cap \overline{B} \quad \overline{A \cap B} = \overline{A} \cup \overline{B}$$

ド・モルガンの法則は、2 つの補集合を 1 つの補集合に直して簡単にす
る法則です。

ですから、上に書いた法則の左辺を右辺に直すときに使います。

右辺を左辺に直して考えるような問題は、

問題を難しくするだけですのであまり見かけません。

左辺と右辺のどちらがわかりやすいかは、ベン図の描きやすさからもわかると思います。

(問題 76)

ド・モルガンの法則が成り立つことをベン図を書いて確認せよ。

【その 77】

条件付き確率は、分母を計算する過程で分子も出てくる場合が多い

条件付き確率

1 つの試行における 2 つの事象 A, B について、

事象 A が起こったとして、そのときに事象 B の起こる確率を、

A が起こったときの B が起こる条件付き確率といい、$P_A(B)$ で表す。

$$P_A(B) = \frac{P(A \cap B)}{P(A)}$$

・多くの条件付き確率では、排反事象の確率の和として分母の確率を計算しますので、その排反事象の確率の一部が分子の確率になります。

(問題 77)

ある品物を製造するとき、A 工場の製品には 5%、　B 工場の製品には 3% の不良品が含まれると考えられる。A 工場の製品 100 個と B 工場の製品 200 個とを混ぜた中から 1 個を取り出すとき、次の確率を求めよ。

⑴　それが不良品である確率。　　　　　　　　（ $\frac{11}{300}$ ）

⑵　不良品であったとき、それが A 工場の製品である確率。（ $\frac{5}{11}$ ）

※詳解は巻末

【その78】

確率では、区別できないものでも区別して考えるのが基本である

・「同じものを含む順列」などの公式で解いても大丈夫な問題もありますが、
「同様に確からしい」 か判断に悩むことがある人は、
区別して考えるようにすればつまらないミスを避けられます。
（ただし、計算量が増えることもありますが。）

(問題78)

I, N, O, M, I, H, I, M, Aの9文字をでたらめに1列に並べるとき、

どの2つのIも隣り合わない確率を求めよ。 （ $\frac{5}{12}$ ） ※詳解は巻末

【その79】

確率では、「同様に確からしい」のかを常に考えて解くこと

「同様に確からしい」とは

ある試行において起こりうるすべての結果に対して、
どの結果も同じ程度に起こることが期待できる。

・「同様に確からしい」を無視して確率を考えると、
例えば、「日本の街中でシロクマに出会う確率を求めよ。」という問いに
対して、出会うか、出会わないかの2通りの場合が考えられるので、出
会う確率は $\frac{1}{2}$ であるなどというとんでもない答えを出してしまうこと
になります。

シロクマに出会う確率が $\frac{1}{2}$ もあったら、怖くて街を歩けません！

（日本の街中で、シロクマに「出会う」、「出会わない」という2つの結果が、
どちらも同じ程度に起こることが期待できるとは考えられないので、
同様に確からしくありません！）

【その80】

> 奇数×奇数＝奇数だが、偶数には奇数と偶数のどちらをかけても偶数になる

余事象の確率

全事象 U の事象 A とその余事象 $\overline{A}$ について

$$P(\overline{A}) = 1 - P(A)$$

・サイコロを振る問題や玉を選ぶ問題などで、「積が偶数になる確率」を考えるときは、余事象である「積が奇数になる確率」を求めた方が、圧倒的に早く計算できます。

(問題80)

1から9までの数字が1つずつ書かれたカード9枚から2枚を取り出したとき、カードの数の積が偶数になる確率を求めよ。 $\left(\dfrac{13}{18} \right)$
※詳解は巻末

【その81】

> 期待値を計算する前に、確率の和が1になることを確認すること

・起こりうる事象の確率がすべて求められているか確認するために、確率の和を計算し、その和が1になることを確かめることはとても大切です。

(問題81)

2つの袋の中に1, 2, 3, 4と書いてある4個の玉がそれぞれ入っている。この2つの袋の中からそれぞれ1個ずつ取り出すとき、取り出した2個の玉の和の期待値を求めよ。 (5) ※詳解は巻末

【その82】

期待値を求める数量が整数でも、期待値が整数になるとは限らない

・期待値は 1 回の試行で得られる値の平均値なので、期待値を求める数量がすべて整数でも、期待値が整数にならない場合もあります。

例えば 1 つのサイコロを 1 回投げるとき、出る目の数の期待値は、

$$1 \times \frac{1}{6} + 2 \times \frac{1}{6} + 3 \times \frac{1}{6} + 4 \times \frac{1}{6} + 5 \times \frac{1}{6} + 6 \times \frac{1}{6} = \frac{1}{6}(1+2+3+4+5+6) = \frac{7}{2}$$

と整数にはなりません。

(問題82)

P，Qの2人がカードの入った袋を持っている。Pの袋には 1，3，5，7，9 の数字が、Qの袋には 2，4，6，8 の数字が 1 つずつ書かれたカードが 1 枚ずつ入っている。

P，Qが各自の袋から中身を見ないでカードを 1 枚取り出し、書かれた数字の大きいカードを取り出した方を勝ちとする。勝ったときは、各自のカードに書かれている数字が得点になる。このときPの得点の期待値を求めよ。　　　　　(3.5 点)　　※詳解は巻末

§ 整数の性質（数学と人間の活動）

【その83】

> **2の倍数、3の倍数、4の倍数、5の倍数、9の倍数の判定法は覚えておくこと**

倍数の判定法

2の倍数………一の位が偶数

5の倍数………一の位が0，5

4の倍数………下二桁が4の倍数

3（9）の倍数・・・各位の数の和が3（9）の倍数

・特に3の倍数の判定法は、高校数学で初めて目にする人も多いので、定期試験はもちろん、大学入試でも度々出題されています。

(問題83)

百の位の数が2，十の位の数が9である4桁の自然数がある。この自然数が5の倍数であり、かつ3の倍数でもあるとき、この自然数を求めよ。　　(1290, 4290, 7290, 2295, 5295, 8295)　　※詳解は巻末

【その84】

> **a，b の最大公約数を g とすると、$a = ga'$, $b = gb'$（a', b' は互いに素）、最小公倍数 $\ell = ga'b'$ となる**

・中学数学で最大公約数と最小公倍数についてきちんと学習する単元がないため、最大公約数と最小公倍数については、小学校の算数以来の学習になりますが、さすがに小学校の知識だけでは高校数学の問題は解けません。最低限、上で書いたことは頭に入れておきましょう。

(問題 84)

最大公約数が 12，最小公倍数が 420 である 2 つの自然数の組を全て
求めよ。　　　　　　　（（12，420），（60，84）））　　※詳解は巻末

【その 85】

4 から 160 までのある整数が 2，3，5，7，11 で割り切れなければ、その数は素数である

・160 までのある数が素数かどうか調べなさいとか言われると、
たくさんの割り算をしないといけないように考える人もいますが、
実際は上の 5 つの数字で割り切れなければ素数です。
理由は、$13^2=169$ であることから考えてみてください。
詳しくは（問題 85）の詳解を参照してください。

(問題 85)

4 から 160 までのある整数が 2，3，5，7，11 で割り切れなけれ
ば、その数が素数であることを証明せよ。　　　　※詳解は巻末

【その 86】

連続する 2 整数の積は偶数、連続する 3 整数の積は 6 の倍数である

・連続する 2 整数はどちらかが偶数なので、その積は偶数になります。
同様に連続する 3 整数の積は、どれかが偶数かつどれかが 3 の倍数になるため、その積は 6 の倍数になります。
ただこれは定理としていきなり答案に書くのではなく、入試などでは、
偶数と 3 の倍数が存在するので 6 の倍数になることをしっかり記述したほうがよいと思います。

【その 87】

素因数分解して約数の個数を求める問題は、度々出題されている

約数の個数

$a, b, c, \cdots\cdots$ を素数とする。

自然数 N の素因数分解が $N = a^p\, b^q\, c^r\, \cdots\cdots$ と表せるとき、

N の正の約数の個数は

$$(p + 1)(q + 1)(r + 1)\ \cdots\cdots$$

正の約数の総和は

$$(1+a+a^2+\cdots+a^p)(1+b+b^2+\cdots+b^q)(1+c+c^2+\cdots+c^r)\cdots$$

・2018 年のセンター試験でも出題されました。

　ついでに約数の和も求められるようにしておきましょう。

【その 88】

$n!$ の末尾に並ぶ 0 の個数は、$n!$ を素因数分解したときの素因数 5 の個数に等しい

・度々見かける整数の性質（数学と人間の活動）の代表的な問題の一つなのですが、自力では解法の流れを作れない人もいると思いますので、考え方を覚えておきましょう。

　末尾に並ぶ 0 の個数は、$n! = a \times 10^m$ と表したときの m です。

　$10 = 2 \times 5$ ですが、$n!$ を素因数分解したときの素因数 2 と素因数 5 では、

圧倒的に素因数 5 の方が少ないため、素因数 5 の個数が末尾に並ぶ 0 の個数になります。

（問題 88）

　1 から 50 までの 50 個の自然数の積 50! を計算すると、

　末尾には連続して何個の 0 が並ぶか求めよ。（12 個）　※詳解は巻末

【その 89】

余りにより整数を分類する作業は、証明問題では度々使う技である

・例えば n の式が 3 の倍数であることを証明するときに、

　$n = 3k, \ n = 3k + 1, \ n = 3k + 2$

と n を 3 で割った余りにより分類して証明する方法は、

あまり悩まずに計算のみで処理できるのでわかりやすいやり方です。

他にも 3 の倍数を示すのならば、

「連続する 3 整数の積は 3 の倍数になる」

ことを利用して解く方法なども考えられます。

（問題 89）

　n を整数とするとき、$n^3 + 8n$ が 3 の倍数であることを余りによる分類で示せ。　※詳解は巻末

【その 90】

合同式は使わなくても問題は解けるが、使えた方が簡単でスムーズに解ける

合同式の性質

$a \equiv a \pmod{m}$

$a \equiv b \pmod{m}$ のとき　　　$b \equiv a \pmod{m}$

$a \equiv b \pmod{m}$, $b \equiv c \pmod{m}$ のとき　　　$a \equiv c \pmod{m}$

$a \equiv b \pmod{m}$, $c \equiv d \pmod{m}$ のとき

$a + c \equiv b + d \pmod{m}$

$a - c \equiv b - d \pmod{m}$

$ac \equiv bd \pmod{m}$

$a^n \equiv b^n \pmod{m}$ (n は自然数)

・理系学部志望の方や、標準以上の大学の文系学部を志望していて、受験で数学を使う予定の方については、学習指導要領の範囲外の内容ですが、可能ならば理解しておく方が望ましいです。

（問題90）

合同式を利用して、4^{50} を 15 で割った余りを求めよ。

(1)　　※詳解は巻末

【その91】

整数の問題は、絞った後に調べる作業をするのが当たり前だと意識しておこう

・整数の問題は、変数が取りうる値をある程度まで絞ったら、それらの値を具体的に調べていって条件を満たすものを見つけていくというタイプのものが多いです。

式を変形すると自然に解が導けるわけではなく、最後に調べる作業が入ることを頭に入れておいてください。

（問題91）

a, b を整数とするとき、等式 $(3a - 1)(2b - 3) = 30$ を満たす (a, b) の組を全て求めよ。

（$(a, b) = (1, 9),\ (-3, 0)$）　　※詳解は巻末

【その 92】

不定方程式の解法の流れは、『整数の性質』の単元の大きなテーマ

・不定方程式がきちんと教科書に載せられるようになったのは、『整数の性質』の単元が作られてからですが、それ以前にも理系の大学入試などでは度々出題されていました。

方程式を満たす一つの解を具体的に見つける（見つからなければユークリッドの互除法を用いる）ところから解を求めるまでの流れをしっかり掴んでおきましょう。

(問題 92)

方程式 $17x - 23y = 1$　の全ての整数解を求めよ。

$(x = 23k - 4,\ y = 17k - 3)$　※詳解は巻末

§ 平面図形

【その 93】

平面図形について、中学数学で学習した基本的な事柄・定理はしっかり確認して覚えておこう

・三角形の合同など中学数学で示せることは、そこに問題の主点が置かれていない限り、証明を省略して結論を記述して構いませんが、

　「三角形の合同条件」

　「直角三角形の合同条件」

　「平行四辺形になるための条件」

　「三角形の相似条件」　など、

中学数学で学習した基本的な事柄・定理は、常識としてすぐ使えるようになっていないと、高校数学の平面図形は満足にはできません。

（問題 93）

　中学校の教科書やネットなどを利用して、中学数学で学習した平面図形の事柄について、もう一度復習しておくこと。

【その 94】

円に内接する台形は等脚台形である

・円に内接する台形の平行な 2 辺の錯角が等しいことと、円周角が等しければ弧の長さが等しく、弦も等しくなることから、等脚台形になることがわかります。

詳しい証明は（問題 94）の詳解を参照してください。

過去にセンター試験などで、気づかないと解けない問題が出題されていますので、等脚台形になることを覚えてしまいましょう。

（問題 94）

円に内接する台形は等脚台形になることを示せ。　　※詳解は巻末

【その 95】

内角の二等分線上に三角形の内心はある

三角形の内接円

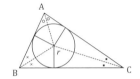

三角形の内角の二等分線の公式

△ ABC において、

∠ A の二等分線と辺 BC の

交点を D とすると、

$$AB : AC = BD : CD$$

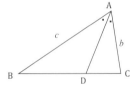

・三角形の内心は、三角形の内角の二等分線の交点です。

　そして内角の二等分線から、「内角の二等分線の公式」

　を利用することへつながります。この流れは割と出題されます。

（問題 95）

△ ABC について、AB=10, BC=12, CA=7

内接円の中心を I, A から I を通る直線を引き、

BC との交点を D とする。

このとき、BD の長さを求めよ。

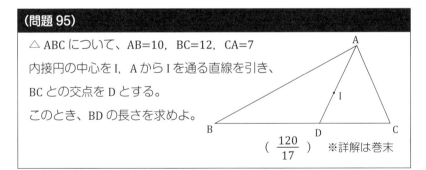

$\left(\dfrac{120}{17} \right)$　　※詳解は巻末

【その96】

円に外接する四角形では、対辺同士の和（縦＋縦＝横＋横）は等しくなる

接線の長さ （外部の点と接点の間の距離）

円の外部の1点 P からその円に引いた
2本の接線の長さは等しい。

$$PA = PB$$

・円に外接する四角形の問題が出た時には、

この心得を知っているとスムーズに解けることが多くあります。

証明は、円に円外の1点から引いた2本の接線について、

その点から接点までの距離（接線の長さ）が等しくなることから、簡単

に示せます。

（問題96）

円に外接する四角形 ABCD において、

AB + CD = DA + BC が成り立つことを示せ。

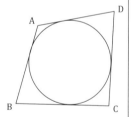

※詳解は巻末

【その97】

5種類の正多面体の頂点・辺・面の数は、オイラーの多面体定理とともに、すぐに求められるようにしておこう

正多面体	面の形	頂点	辺	面
正四面体	正三角形	4	6	4
正六面体	正方形	8	12	6
正八面体	正三角形	6	12	8
正十二面体	正五角形	20	30	12
正二十面体	正三角形	12	30	20

・オイラーの多面体定理は、頂点＋面＝辺＋2 です。

「ちょうめんはへんに」とでも語呂合わせして覚えてください。

正四面体、正六面体は、三角比やベクトルの問題などで度々登場してき
ますが、

正八面体や正十二面体も、求積問題など平面図形の単元などで時々出題
されています。

(問題 97)

各面が正五角形である正多面体の面の数を答えよ。

また、各面が正五角形である正多面体は、これ以外にないことを示せ。

※詳解は巻末

【その 98】

平面 α 上の交わる 2 直線が、直線 m と垂直ならば、α と m は垂直である

・空間ベクトルの問題で平面と垂直なベクトルを求めるときに、

平面上の 2 つのベクトルと求めたいベクトルの内積を考えるのは、

この理由からです。

底面の△ BCD が BC=BD の二等辺三角形である

三角錐 ABCD　において、A から

平面 BCD に垂線を引き

その足を O とする。

O が∠ CBD の二等分線 BE 上に、

あるとき AE ⊥ CD であることを

証明せよ。　　　　※詳解は巻末

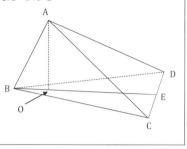

【その 99】

高校数学で出てくる三角形の相似条件は、ほとんどが 『二角がそれぞれ等しい』 である

・中学数学で学習した三角形の相似条件のうち、

　『三組の辺の比が全て等しい』 と

　『二組の辺の比とその間の角がそれぞれ等しい』 は、

　全く出てこないわけではありませんが、あまり見かけません。

　長さが幾つか与えられている場合を除いて、

　三角形の相似を示すときには

　まずは『二角がそれぞれ等しい』 から考えるのが良いと思います。

△ ABC において、AB=6, BC=4 とする。

また BC の中点を M とし、M から AB に

下ろした垂線の足を H とする。△ ABC の

外心 O が AB 上にあるとき、線分 MH の

長さを求めよ。

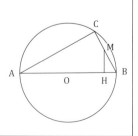

（ MH $= \dfrac{2\sqrt{5}}{3}$ ）　　※詳解は巻末

【その100】

> 平面図形の問題で、「円と接線」、「接点から引かれた弦」が
> 出てきたら、『接弦定理』を使うことが多い

・もちろん必ずとは言えませんが、
　もしかすると『接弦定理』が使えないかと、
　最初に考えてみるとうまく解けることが
　多いようです。
　他の解法が思いつくときはよいですが、
　そうでないときには、「接点から引かれた弦」
　などの言葉が出てきたときには、
　まず『接弦定理』を考えてみましょう。

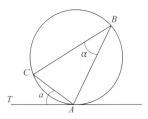

(問題100)

円 O に弦 AB と点 A における接線 AT を引く。
∠BAM=∠TAM となるように A から弦 AM
を引くと、点 M は∠BAT 内の $\overset{\frown}{AB}$ の中点に
なることを示しなさい。

※詳解は巻末

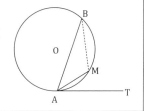

数学 Ⅱ

§ 二項定理

【その101】

二項定理は当然だが、多項定理も覚えておこう

二項定理

$$(a + b)^n = {}_n C_0 \cdot a^n b^0 + {}_n C_1 \cdot a^{n-1} b^1 + {}_n C_2 \cdot a^{n-2} b^2 + \cdots$$

$$+ {}_n C_{n-1} \cdot a^1 b^{n-1} + {}_n C_n \cdot a^0 b^n$$

$$= \sum_{k=0}^{n} {}_n C_k \cdot a^{n-k} b^k$$

多項定理

$(a + b + c)^n$ を展開したときの $a^p \, b^q \, c^r$ の係数は $\dfrac{n!}{p! \, q! \, r!}$

（ただし、$p + q + r = n$ かつ p, q, r は 0 以上）

・多項定理を知らなくても二項定理を 2 回使うことで、

$(A + B + C)^n$ における展開式の項を求めることはできますが、

解く時間と計算ミスのことを考えると、多項定理の一般項を用いて、

サッと解いた方が良いと思います。

ただ、過去のセンター試験でこの流れが出題されたことがありますので、

余裕がある人は、念のため多項定理を導けるようにしておいても損はありません。

（問題101）

$(x^2 - 2x + 3)^6$ の展開式における x^7 の係数を求めよ。（− 2712）

※詳解は巻末

【その102】

C がたくさん並んでいる等式の証明は、二項定理を用いるものが多い

・問題文や前問などで何も証明の方向性が示されていないで、
いきなり C（コンビネーション）がたくさん並んでいる等式を証明する
場合は、ほぼ二項定理を用いると考えてよいです。

二項定理の問題は、発展しづらく、またマークシート形式との相性もあ
まり良いとは言えませんので、過去のセンター試験ではほとんど出題さ
れていません。

ただ各大学の個別試験では、「整数の性質」や「場合の数・確率」、「数列」
などと絡んだ問題がよく出題されます。

(問題102)

$_nC_0 + 2_nC_1 + 2^2{}_nC_2 + \cdots + 2^n{}_nC_n = 3^n$ が成り立つことを証明せよ。

※詳解は巻末

§ 等式、不等式の証明

【その103】

$A \geq B \Leftrightarrow A^2 \geq B^2$ は正しくない

絶対値の性質

$$|A| \geq 0, \quad |A| \geq A, \quad |A|^2 = A^2, \quad |A||B| = |AB|, \quad \frac{|A|}{|B|} = \left|\frac{A}{B}\right| \quad (B \neq 0)$$

・$3 \geq -5$ のときなどで確認すれば、正しくないことはすぐにわかります。

正しくは $A \geq 0, \quad B \geq 0$ のとき、

$$A \geq B \Leftrightarrow A^2 \geq B^2$$

です。不等式の証明問題などを解くときに気を付けてください。

（問題103）

不等式 $|a + b| \leq |a| + |b|$ を証明せよ。　　　　※詳解は巻末

【その104】

$A = B \Rightarrow A^2 = B^2$ は真であるが、逆は真ではない

・無理数を含んだ等式の証明などで、両辺を2乗して証明することがありますが、最後に両辺がともに正（もしくはともに負）であることを示さないと証明されたことにはなりません。気を付けましょう。

（問題104）

$a > 0, \ b > 0$ とするとき、二重根号の公式

$$\sqrt{(a + b) + 2\sqrt{ab}} = \sqrt{a} + \sqrt{b} \quad \text{を示せ。}$$　　　　※詳解は巻末

【その105】

> 相加相乗平均の関係は、左辺　○＋△ の○と△が正て、
> かつ $\sqrt{\boxed{}}$ の中が定数になるとき、○＋△ の最小値を求める
> 場合に多く用いられる

相加相乗平均の関係

　　　$a \geq 0,\ \ b \geq 0$ のとき

　　　$$\frac{a+b}{2} \geq \sqrt{ab}$$

　（実際には $a + b \geq 2\sqrt{ab}$ の形で使うことが多い。）

　　等号が成り立つのは $a = b$ のときに限る。

・相加相乗平均の関係は、模範解答などを見ていて

　突然出てくるように感じられる人も多いようですが、

　上のように使えるときには決まったパターンがあります。

（問題105）

　$x \neq 0$ とするとき、関数 $y = x^2 + \dfrac{9}{x^2}$ 　の最小値を求めよ。

　　　　　　　　　　　（$x = \pm\sqrt{3}$ のとき最小値6）　　※詳解は巻末

【その106】

> 相加相乗平均の関係について、等号成立条件も忘れない

・例えば国語80点、算数も80点なら、（相加）平均80点、相乗平均も

　80点ですから、

　（相加平均）＝（相乗平均）になります。

　すなわち相加相乗平均の等号成立条件は、$a = b$ です。

　等号を含む不等式の証明では、等号成立条件を示す必要がありますので、

　忘れないようにしてください。

$a > 0,\ b > 0$ のとき、不等式 $\left(a + \dfrac{4}{b}\right)\left(b + \dfrac{9}{a}\right) \geqq 25$ を証明せよ。

また、ここで等号が成り立つのはどんなときか。　　※詳解は巻末

【その 107】

証明問題は、結論の式を変形して仮定を導いた後、それを逆に書けばよい

・もちろん全ての証明問題で使える手ではありませんが、示すべき結論は問題文に書かれているので、場合によっては仮定の条件から考えていくより、結論から逆に考えていく方が証明の流れを掴みやすい場合もあります。

証明の流れが掴めたら、記述するときはもちろん、仮定の条件から結論を導く流れで書かなければなりません。

(問題 107)

$\dfrac{1}{x} + \dfrac{1}{y} + \dfrac{1}{z} = \dfrac{1}{x+y+z}$ のとき $(x+y)(y+z)(z+x) = 0$ が成り立つことを示せ。

※詳解は巻末

§ 整式の割り算・分数式

【その108】

> ### 分母より分子の次数が大きい分数式は、帯分数化してみる

・仮分数の分子を分母で割り、商を前に余りを分子に書けば帯分数に直せ
ると、小学校の算数で習いました。

分数式でも同様に、（分子の式）÷（分母の式）を計算して、

（商の式）＋ $\dfrac{（余りの式）}{（分母の式）}$ で帯分数化できます。

数Ⅲでは必ず覚えておくべき事柄ですが、数Ⅱでも相加相乗平均の関係
から分数式の最小値を求めるときなど、時々使うことがありますので、
できるようにしておきましょう。

（問題108）

関数 $y = \dfrac{x^2 - 4x + 7}{x - 2}$ $(x > 2)$ の最小値と、そのときの x の値を求
めよ。

（ $x = 2 + \sqrt{3}$ のとき最小値 $2\sqrt{3}$ ）　　※詳解は巻末

【その109】

> ### $A \div B = Q \ \cdots \ R \Leftrightarrow A = BQ + R$

・$17 \div 5 = 3$ あまり 2 というように、あまりのある割り算は
「あまり」の部分があるため、このままでは等式になっていません。
割り算の検算の仕方　$5 \times 3 + 2 = 17$ は小学校で学習していますが、
整式の割り算でも

　　（割られる式）＝商×（割る式）＋（余り）

なら等式になるため使い勝手がよいです。

ちなみに『剰余の定理』や『因数定理』も、こちらの等式から簡単に導けます。

剰余の定理

　整式 $f(x)$ を 1 次式 $x - a$ で割ったときの余りは $f(a)$ である。

因数定理

　整式 $f(x)$ が 1 次式 $x - a$ で割り切れる　⇔　$f(a) = 0$

(問題 109)

$x^{23} - 8$ を $x^2 - 1$ で割ったときの余りを求めよ。

$(x - 8)$　　※詳解は巻末

---

§ 複素数・解と係数の関係・高次方程式

【その110】

分母に i がある式を見かけたら、まずは分母の実数化を行うこと

・分母に$\sqrt{\ }$があったら、まず有理化してから考えることが多いと思います。同様に分母に虚数単位 i があったら、まずは分母の実数化を行いましょう。ただ、「複素数平面」の単元では、分母・分子をそれぞれ極形式で表す場合もありますので注意してください。

(問題110)

$\dfrac{1}{(1-i)^3}$ を計算して、$a+bi$ (a, bは実数) の形に表せ。

$\left(-\dfrac{1}{4}+\dfrac{1}{4}i\right)$　　※詳解は巻末

【その111】

実係数の整方程式は、$a+bi$ が解なら、$a-bi$ も解である

・これを知っていると、例えば解と係数の関係を用いることで、

$(a+bi)+(a-bi)=2a,\ (a+bi)(a-bi)=a^2+b^2$

から、この2つの複素数が解となっている二次方程式を簡単に作れます。また、この二次方程式を元に三次方程式なども、それほど計算することなくスムーズに解けます。

(問題111)

3次方程式 $x^3+ax^2+bx-20=0$ が、$x=3+i$ を解に持つとき、他の2解を求めよ。ただし、a, bは実数とする。

$(x=3-i,\ x=2)$　　※詳解は巻末

【その112】

二次方程式の問題にα，βが出てきたら、解と係数の関係が使えるか考えてみること

二次方程式の解と係数の関係

二次方程式 $ax^2 + bx + c = 0$ の解を α ， β とすると

$$\alpha + \beta = -\frac{b}{a}, \quad \alpha\beta = \frac{c}{a}$$

が成り立つ。

・問題文の中の α ， β は、「解と係数の関係」を使え！　という
　暗黙のヒントになっている場合が多いです。
　解答の方針が決まらないときにこの α と β を見かけたら、
　とりあえず解と係数の関係を使えないか考えてみることが、
　問題を解く突破口になるかも知れません。

(問題112)

$m > 1$ とし、x の二次方程式　$x^2 - 2mx + m + 3 = 0$ の2つの解を α ，β とする。

$\alpha + p$，　$\beta + p$ を2つの解とする二次方程式が　$x^2 - 3mx + 4m + 2 = 0$ になるとき、m, p の値を求めよ。

（ $m = 2,\ p = 1$ ）　※詳解は巻末

【その113】

組立除法は、教科書では参考や発展として載っている場合もあるが、しっかり使えるようにしておくこと

・因数定理を用いて高次方程式を解くときなど、割り算の筆算をするより、
　組立除法の方が速くミスなく解けます。
　慣れてくると組み立て除法を使わなくても、頭の中で係数を計算してい
　くことで因数分解ができるようにはなりますが、それまでは組立除法で
　解くのがおススメです。

（問題 113）

組立除法を用いて、$(x^3 - 11x - 6) \div (x + 3)$ の商と余りを求めよ。

（ 商 $x^2 - 3x - 2$, 余り 0 ）　　※詳解は巻末

【その 114】

三次方程式の『解と係数の関係』は、導けるようにしておくことが望ましい

・二次方程式の『解と係数の関係』は超重要ですが、

三次方程式の場合は、それほど出題されません。

覚えられるなら覚えておいて損はないですが、

暗記するものを可能な限り減らしたければ、導けるようにしておくことです。

$$a(x - \alpha)(x - \beta)(x - \gamma) = 0$$

この式の左辺を展開すればそこから導き出せます。

詳しくは（問題 114）の詳解を参照してください。

（問題 114）

三次方程式 $ax^3 + bx^2 + cx + d = 0$ の解を $\alpha, \ \beta, \ \gamma$ とすると、この三次方程式は、$a(x - \alpha)(x - \beta)(x - \gamma) = 0$ と表せる。この方程式の左辺を展開することで、三次方程式の解と係数の関係の公式を作りなさい。

※詳解は巻末

§ 図形と方程式

【その 115】

> 円と直線の交点の数、切り取られる線分の長さを求める問題は、判別式ではなく、『点と直線の距離の公式』で解くこと

点と直線の距離の公式

$ax + by + c = 0$ と (x_1, y_1) との距離は,

$$d = \frac{|ax_1 + by_1 + c|}{\sqrt{a^2 + b^2}}$$

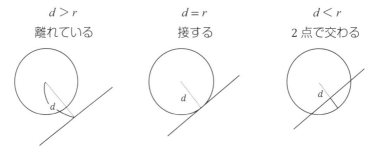

円と直線の位置関係

円の中心と直線の距離を d、円の半径を r とすると

$d > r$	$d = r$	$d < r$
離れている	接する	2点で交わる

・「円と直線の交点の座標を求める」場合には、円と直線の式を連立して二次方程式を作って解きますが、それ以外のときには、判別式ではなく、『中心と直線の距離』と半径の関係（$d=r$, $d>r$, $d<r$） で解く方が楽です。

特に文字が多い場合には、圧倒的にこちらが楽に解けます。

（問題 115）

直線 $y = -2x + 2$ が円 $x^2 + y^2 = 16$ によって切り取られる弦の長さを求めよ。

$$\left(\ \frac{4\sqrt{95}}{5} \ \right)$$ ※詳解は巻末

【その 116】

円と接線の接点を求めるときは、「円の中心と接点を結ぶ直線」と「接線」で連立方程式を作り解く

直線の方程式

点 (x_1, y_1) を通り，傾き m の直線　$y - y_1 = m(x - x_1)$

2 点 (x_1, y_1)，(x_2, y_2) を通る直線　$y - y_1 = \dfrac{y_2 - y_1}{x_2 - x_1}(x - x_1)$
$(x_1 \neq x_2 \text{のとき})$

2 直線の垂直条件

2 直線 $y = m_1 x + n_1$，$y = m_2 x + n_2$ が垂直 $\Leftrightarrow$ $m_1 m_2 = -1$

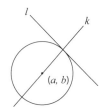

・「円の中心と接点を結ぶ直線（右図の k）」は、接線（右図の l）と垂直で円の中心を通る直線なので、直線の垂直条件と直線の式の公式を知っていれば、すぐに作れます。

直線と円で連立方程式を作ると二次方程式を解くことになりますが、接線と直線なら、中学生でも解ける簡単な連立方程式で済みます。特に定数が文字のときなどは有効です。

（問題 116）

直線 $y = ax + 3$ が円 $x^2 + y^2 = 1$ の接線になるように、a の値を定めよ。また、このときの接点を求めよ。ただし、$a > 0$ とする。

$$\left(a = 2\sqrt{2}, \ \left(-\frac{2\sqrt{2}}{3}, \ \frac{1}{3} \right) \right)$$ ※詳解は巻末

【その117】

内分点の公式の分子は、外×外＋内×内と覚えよう

線分の内分点の公式

$A\ (x_1, y_1)$, $B\ (x_2, y_2)$ に対し、線分 AB を $m:n$ に内分する点の座標は

$$\left(\frac{nx_1 + mx_2}{m+n} ,\ \frac{ny_1 + my_2}{m+n} \right)$$

・線分 AB を $m:n$ に内分する点を求める
公式の分子は、

$\qquad A \times n + B \times m$

です。ミスする人が多いので、十分に気を
付けてください。

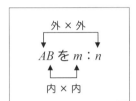

（問題 117）

2点 A $(2,\ 0)$, B $(6,\ 2)$ とするとき、線分 AB を $t:1-t$ に内分
する点を求めよ。

ただし、$0 < t < 1$ とする。　　　　　　（$(4t+2,\ 2t)$）　※詳解は巻末

【その118】

中線定理の証明など、図形を座標上に書くときは、原点と x 軸上に頂点と辺をのせること

二点間の距離の公式

2点 $A\ (x_1, y_1)$, $B\ (x_2, y_2)$ 間の距離は

$$AB = \sqrt{(x_2 - x_1)^2 + (y_2 - y_1)^2}$$

・「図形と方程式」の単元には、図形を座標上に書いて、

「二点間の距離の公式」等で証明する問題が出てきます。

このときは必ず、原点と x 軸上に頂点と辺をのせた図を書いて証明しま
しょう。

原点と x 軸上に頂点と辺がのせてあれば、

教科書や問題集の模範解答とは違う置き方の図を書いても、
問題なく証明できます。

（問題118）

△ ABC において、辺 BC を 1：2 の比に内分する点を D とすると、
$2AB^2 + AC^2 = 3(AD^2+2BD^2)$ であることを証明せよ。

※詳解は巻末

【その119】

「点と直線の距離の公式」の分母は、原点との距離を考えれば間違えない

点と直線の距離の公式

$ax + by + c = 0$ と (x_1, y_1) との距離は，

$$d = \frac{|ax_1 + by_1 + c|}{\sqrt{a^2 + b^2}}$$

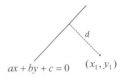

・分母に点の座標を入れるというミスをする人は割と大勢います。
この場合原点との距離を求めるときには、分母に原点（0，0）を代入す
ることになり、分母が 0 になってしまいます。
原点と直線の距離を求めるときのことを考えれば、つまらないミスはし
なくなります。

（問題119）

$y = -2x + 3$ と原点との距離を求めよ。

$\left(\dfrac{3\sqrt{5}}{5} \right)$ ※詳解は巻末

【その120】

標準形の円の方程式の右辺は、半径ではなく（半径）の 2 乗

円の方程式（標準形）

中心 (a, b)，半径 r の円の方程式は $(x-a)^2 + (y-b)^2 = r^2$

・方程式の右辺をついそのまま半径として答えてしまいがちですので、気を付けてください。

特に右辺が 4，9 のとき、半径をそのまま 4，9 と答えた答案を度々見かけます。

（問題 120）

円 $x^2 + y^2 + 4x - 6y + 9 = 0$ の中心の座標と半径を答えよ。

（ 中心 $(-2, 3)$，半径 2 ） ※詳解は巻末

【その121】

2つの円が接するときは、外接と内接の2つの場合について考えること

2つの円の内接・外接

半径がそれぞれ r，r' （$r < r'$）である2つの円の中心間の距離を d とする。

外接する

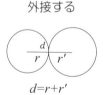

$d = r + r'$

内接する

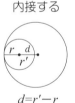

$d = r' - r$

・2つの円が接するというと、外接のみ考えて、内接を忘れる人が多いようです。

内接する可能性があることを意識しながら問題を解くと、つまらない減点を防げます。

(問題121)

円 $x^2 + y^2 = 1$ と円 $x^2 + y^2 - 2x + 4y + 5 - a^2 = 0$ が接するとき
の a の値を求めよ。ただし、$a > 0$ とする。

（ $a = \sqrt{5} \pm 1$ ） ※詳解は巻末

【その122】

軌跡は曲線の名前を答えること

・式の形から何の曲線かわかりますが、解答には式の頭に、
　"直線"、"放物線"、"円（中心と半径も）"
　と記述しておきましょう。

(問題122)

点 A $(-6, 0)$ と円 $x^2 + y^2 = 16$ 上の点 P を結ぶ線分 AP の中点を Q
とする。

P がこの円上を動くとき、点 Q の軌跡を求めよ。

（ 中心が $(-3, 0)$，　半径が 2 の円 ） ※詳解は巻末

【その123】

数Ⅲ以外の軌跡の問題の解は、直線、放物線、円のいずれか になることが多い

・数Ⅱまでで学習している関数には他にも、三角関数、指数関数、
　対数関数などがありますが、軌跡の解がこれらになる問題はあまり見か
　けません。

(問題123)

a が変化するとき、放物線 $y = x^2 - 2(a + 1)x + 2a - 3$ の頂点の軌跡
を求めよ。　　　　　　（ 放物線 $y = -x^2 + 2x - 5$ ） ※詳解は巻末

【その124】

不等式の領域図示は、点を代入してみればどちら側が塗られるかすぐわかる

・不等式によって分けられた2つの領域のうち、どちらかの点を不等式に代入してみて、成り立てばそちら側が塗られる領域です。
もちろん成り立たないときは、反対側が塗られる領域です。
間違って塗らないように確認しましょう！

(問題124)

不等式 $(x-3)^2 + y^2 > 9$ の表す領域を図示せよ。また、中心の座標を代入して、それが正しいことを確認せよ。　　※詳解は巻末

【その125】

不等式の表す領域が多角形のとき、$x+y$ の最大値、最小値はいずれかの頂点である

・記述式の答案ではまともな点数はもらえませんが、マークシート形式の試験などですばやく答えだけ求めたいときには、多角形の頂点の座標を全て $x+y$ に代入してみることで、一番大きい値が最大値、一番小さい値が最小値とすぐに求めることができます。
「領域と最大・最小」の問題は、現実社会への数学の活用例として、入試でもよく出題されていますので、しっかり理解しておきましょう。

(問題125)

ある製薬会社ではA，B2種類の薬を製造している。
それらを製造するためには、原料 k, l が必要で、A, B を 1kg 製造するために必要な原料の量と、原料の在庫量は右の表のとおりである。

	原料 k	原料 l
在庫	30kg	40kg
A	1kg	3kg
B	4kg	2kg

また、A, B 1kg あたりの利益は、それぞれ 2000 円，3000 円である。原料の在庫量の範囲で、最大の利益を得るためには、A, Bをそれぞれ何 kg 製造すればよいか。

（ A を 10kg，B を 5kg ）　※詳解は巻末

§ 三角関数

【その126】

加法定理を使える式が出てきたら、まずは簡単にしよう

三角関数の加法定理

$\sin(\alpha \pm \beta) = \sin \alpha \cos \beta \pm \cos \alpha \sin \beta$

$\cos(\alpha \pm \beta) = \cos \alpha \cos \beta \mp \sin \alpha \sin \beta$

$\tan(\alpha \pm \beta) = \dfrac{\tan \alpha \pm \tan \beta}{1 \mp \tan \alpha \tan \beta}$

・$\cos(225° - \theta)$, $\sin(3\pi + \theta)$ など三角関数の加法定理を
使えそうな式が出てきたら、まずは簡単にしてみましょう。
問題が解けたり、すぐ解けなくても解法の方針が決まることは多いです。

（問題126）

$0 < x < 2\pi$ とする。等式 $\sin\left(x + \dfrac{\pi}{3}\right) + \sin\left(x - \dfrac{\pi}{3}\right) = \dfrac{1}{2}$ を満たす
x の値を求めよ。

$\left(x = \dfrac{\pi}{6}, \ \dfrac{5\pi}{6}\right)$　　※詳解は巻末

【その127】

ラジアンを用いた扇形の弧の長さ、面積の公式は、中学校の扇形の公式から簡単に覚えられる

扇形の弧の長さと面積の公式

$l = 2\pi r \times \dfrac{\theta°}{360°} = 2\pi r \times \dfrac{\theta}{2\pi} = r\theta$

$S = \pi r^2 \times \dfrac{\theta°}{360°} = \pi r^2 \times \dfrac{\theta}{2\pi} = \dfrac{1}{2} r^2 \theta = \dfrac{1}{2} rl$

・$360°$ を 2π に変えるだけで、中学校の扇形の公式から高校の扇形の公式

が作れます。

もちろん中学校の扇形の公式を忘れてしまっていては、元も子もないので、そこはしっかりと頭に入れておきましょう。

（問題127）

周りの長さが14である扇形の面積が最大となるとき、半径と中心角を求めよ。

ただし、中心角 θ は $0 \leq \theta < 2\pi$ とする。

（ 半径 $\dfrac{7}{2}$， 中心角2 ） ※詳解は巻末

【その128】

2直線のなす角 θ を $\tan \theta = \tan (\alpha - \beta)$ の加法定理から求めるときに $\tan \alpha$, $\tan \beta$ が有理数なら、$\theta = \dfrac{\pi}{4}$

・有理数同士を四則演算した答えは有理数ですので、

$\tan \alpha$, $\tan \beta$ が有理数のとき、$\tan \theta$ の値も有理数0, ±1となります。

0のときの $\theta = 0$ は問題的におかしいと考えられるので

$\tan \theta = \pm 1$、すなわち $\theta = \dfrac{\pi}{4}$ です。

（なす角は、$0 < \theta < \dfrac{\pi}{2}$ の範囲で答えるので、$\tan \theta = -1$ のときもなす角は $\dfrac{\pi}{4}$ です。）

（問題128）

直線 $y = 3x$ と直線 $y = \dfrac{1}{2} x$ のなす角 θ を求めよ。ただし、$0 < \theta < \dfrac{\pi}{2}$ とする。 （ $\theta = \dfrac{\pi}{4}$ ） ※詳解は巻末

【その 129】

三角関数の加法定理は暗記して、二倍角・半角の公式は、そこから導けるようにしておくこと

・二倍角・半角の公式は加法定理と同様に覚えるべき公式ですが、
符号の付け間違い、$\cos x$ を $\sin x$ にしてしまうなどのミスが多く見受けられます。
二倍角・半角の公式については、公式が正しいか怪しくなった時に、すぐに確認できるように加法定理から導き出す練習をしておくことが望ましいです。

(問題 129)

三角関数の加法定理から二倍角の公式と半角の公式を導け。

※詳解は巻末

【その 130】

三角関数の合成は、合成した後、加法定理で検算できる

三角関数の合成

$$a \sin \theta + b \cos \theta = \sqrt{a^2 + b^2}\ \sin(\theta + \alpha)$$

ただし $\cos \alpha = \dfrac{a}{\sqrt{a^2 + b^2}}$,

$$\sin \alpha = \dfrac{b}{\sqrt{a^2 + b^2}}$$

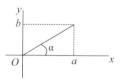

・三角関数の合成は加法定理 $\sin(\alpha \pm \beta)$ の逆の作業ですから、
合成した結果を加法定理で開いて元の式に戻るか検算できます。
それほど時間がかかる作業ではないので、必ず確認しましょう。

(問題 130)

$0 \leqq x < 2\pi$ のとき、方程式 $\sin x - \sqrt{3} \cos x = 1$ を三角関数の合成を用いて解け。また、合成した結果を加法定理で開いて確認せよ。

$$\left(x = \frac{\pi}{2}, \ \frac{7\pi}{6} \right)$$ ※詳解は巻末

【その131】

三角関数の問題で、グラフを描いて考える必要がある問題はそれほどない

・グラフを描けという問題はもちろんのこと、2 つの三角関数のグラフの交点の数を求める問題などでグラフを描くことはありますが、数ⅡBではグラフを描かないと解けない問題はそれほど多くはありません。
　三角関数の方程式や不等式などは、単位円を使った方が明らかに早く解けます。

【その132】

三角関数の問題は、一つの三角関数に直すことを意識する

・三角関数の方程式、不等式などは、加法定理や相互関係の公式などを用いて一つの三角関数で表して解くことが基本です。
　もしそれができないときには、$\sin 2x$ と $\cos 2x$ のように角度をそろえた後に、合成で $r \sin(2x + a)$ の形にして解くパターンが多いです。

(問題 132)

$0 \leq x < 2\pi$ とする。関数 $y = 2\sin^2 x + 4\sin x \cos x + 3\cos^2 x$ の最大値と最小値を求めよ。

（ 最大値 $\dfrac{\sqrt{17}+5}{2}$ ，　最小値 $\dfrac{-\sqrt{17}+5}{2}$ ）　※詳解は巻末

【その133】

$t = \sin x, t = \sin x + \cos x$ などのように置き換える問題では、t の取る値の範囲を求めておくこと

・x が全ての実数をとるとき、例えば $t = x + 3$ なら t もすべての実数をとりますが、$t = \sin x$ で置き換えると、t の取りうる値の範囲は $-1 \leq t \leq 1$ とかに絞られます。

置き換えた変数の範囲は必ず求めて、その範囲で問題を解かないと、とんでもない答えを出してしまうことになります。

(問題133)

$0 \leq x < 2\pi$ とする。関数 $y = 2\sin x \cos x + 6\sin x + 6\cos x$ について、次の問いに答えよ。

(1) $t = \sin x + \cos x$ として、y を t の関数で表せ。

$$(y = t^2 + 6t - 1)$$

(2) y の最大値と最小値を求めよ。

$$\left(x = \frac{\pi}{4} \text{ のとき最大値 } 1 + 6\sqrt{2} \, , \ x = \frac{5\pi}{4} \text{ のとき最小値 } 1 - 6\sqrt{2} \right)$$

※詳解は巻末

§ 指数関数・対数関数

【その 134】

> 累乗根の問題を指数に直して計算することは多いが、逆はあまりやらない

指数法則

$a>0,\ b>0$ で $r,\ s$ が有理数のとき

1. $a^r a^s = a^{r+s}$　　2. $(a^r)^s = a^{rs}$　　3. $(ab)^r = a^r b^r$

有理数の指数

$a>0$ で $m,\ n$ が正の整数、r が正の有理数のとき

$$a^0 = 1, \qquad a^{\frac{m}{n}} = \sqrt[n]{a^m} = (\sqrt[n]{a})^m, \qquad a^{-r} = \frac{1}{a^r}$$

・累乗根の計算より、指数の公式を使った計算の方がわかりやすくミスなくできます。

（問題 134）

次の計算をせよ。

(1)　$\sqrt[3]{4} \times \dfrac{\sqrt[3]{2}}{16}$　$\left(\dfrac{1}{8}\right)$　　(2)　$\left\{(\sqrt{2} \times 3)^{\frac{1}{2}} \times 3\right\}^2$　$(27\sqrt{2})$

※詳解は巻末

【その 135】

> 指数関数の最小値問題では、相加相乗平均の関係を用いることが多い

相加相乗平均の関係

$A \geq 0,\quad B \geq 0$ のとき

$$\frac{A+B}{2} \geq \sqrt{AB}$$

（実際には $A + B \geq 2\sqrt{AB}$ の形で使うことが多い。）

等号が成り立つのは $A = B$ のときに限る。

・$a > 0$ のとき常に $a^x > 0$ であり、また $a^x \cdot \dfrac{1}{a^x} = 1$ より

相乗平均の $\sqrt{}$ が定数となり、最小値を求めることができます。

（問題 135）

関数 $y = (4^x + 4^{-x}) - 2(2^x + 2^{-x}) + 5$ の最小値を求めよ。

（ $x = 0$ のとき最小値 3 ） ※詳解は巻末

【その 136】

log の真数や底が文字のときは、真数条件・底の条件に気を付けて解くこと

対数と指数

$a^r = R \iff r = \log_a R \quad (a > 0,\ a \neq 1,\ R > 0)$

これより $a^1 = a \iff \log_a a = 1$

$\qquad\qquad a^0 = 1 \iff \log_a 1 = 0$

対数の性質

$a > 0,\ a \neq 1,\ M > 0,\ N > 0$ で p が実数のとき

$\log_a MN = \log_a M + \log_a N$

$\log_a \dfrac{M}{N} = \log_a M - \log_a N$

$\log_a M^p = p \log_a M$

底の変換公式

$$\log_a b = \frac{\log_c b}{\log_c a} \quad (a, b, c\ は正の数で、\ a \neq 1,\ c \neq 1)$$

・真数条件（真数は正）は覚えている人が多いようですが、

底の条件については抜けてしまっている人が意外と多いようです。

特に、『底は 1 ではない』ことには注意しましょう。

大学入試でも時々出題されていますので、しっかり確認しておいてください。

(問題 136)

方程式　$\log_3 x + 3\log_x 9 = 5$　を解け。

（　$x = 9,\ 27$　）　　※詳解は巻末

【その 137】

指数・対数不等式は、底 a が $0 < a < 1$ のとき、不等号の向きが変わることに注意すること

対数関数の性質

　　$a > 1$ のとき　$0 < p < q$　⇔　$\log_a p < \log_a q$

　　$0 < a < 1$ のとき　$0 < p < q$　⇔　$\log_a p > \log_a q$

・教科書に書いてある超基本的なことなのですが、底が文字のときに、
　1 より大きい数と勝手に決めつけて計算をしてしまう人は大勢います。
　十分に気を付けましょう。

(問題 137)

　x の不等式　$\log_a (3x^2 - 5x - 2) > \log_a (2x^2 + 4)$ を解け。

（　$0 < a < 1$ のとき $-1 < x < -\dfrac{1}{3}, 2 < x < 6,\ a > 1$ のとき $x < -1, x > 6$　）

　　　　　　　　　　　　　　　　　　　　　　　　　　　※詳解は巻末

【その 138】

大きい桁を扱う問題では、常用対数を用いることが多い

常用対数

10 を底とする対数を常用対数という。

・コンピュータなどない時代に、大きい数を扱えるよう考え出されたのが
　常用対数です。

ですから当然のこととして、大きい桁を扱う問題では
常用対数を用いることが多くなります。

(問題 138)

$\log_{10} 2 = 0.3010$,　$\log_{10} 3 = 0.4771$ を用いて、18^{20} の桁数を求めよ。

（ 26 桁 ）　※詳解は巻末

【その 139】

常用対数の文章問題は度々出題されるので、できるようになっておこう

・「ガラスの透過率」、「人口増加」、「食塩水の濃度」など、常用対数を用いた文章問題は、高校数学を実生活に利用する例としてよく出題されます。
　特に共通テストでの出題は、これから増えてくることが予想できます。
　解き方はどれも変わりませんので、一通り解いて確認しておきましょう。

(問題 139)

現在 P 君は Q 君の 2 倍の資産を持っているが、P 君は年 5%，Q 君は年 8% の割合で資産が増えていくとする。今後もこの割合で資産が増えていくとすると、Q 君の資産が P 君の資産より多くなるのは何年後か。

ただし、$\log_{10} 2 = 0.3010$,　$\log_{10} 3 = 0.4771$,　$\log_{10} 5 = 0.6990$,
$\log_{10} 7 = 0.8451$

とする。　　　　　　　　　　（ 25 年後 ）　※詳解は巻末

【その 140】

大きな数の最高位の数と一の位の数を求める方法は、求め方が全然違うが 2 つとも覚えておくこと

・最高位の数は常用対数の計算により求めることができ、

一の位は順次調べたり、剰余計算などで求めることができます。

それぞれ解き方は異なりますが、セットで出題されることが多々あります。

(問題140)

3^{20} の一の位の数と最高位の数を求めよ。ただし、必要なら

$\log_{10} 2 = 0.3010$, $\log_{10} 3 = 0.4771$, $\log_{10} 7 = 0.8451$　を利用しても

よい。

（　一の位　1,　　最高位　3　）　※詳解は巻末

§ 微分・積分

【その141】

> ### 関数上にない点から引いた接線を求める問題では、接線の傾きはまとめて展開する

$y=f(x)$ の (x_1, y_1) における接線　$y-y_1=f'(x_1)(x-x_1)$

例：$f(x)=x^3-4x^2$ の $x=a$ における接線の方程式は

$f'(x)=3x^2-8x$ より

$$y-(a^3-4a^2)=(3a^2-8a)(x-a)$$

$$y-(a^3-4a^2)=(3a^2-8a)x-(3a^2-8a)a$$

・$(3a^2-8a)(x-a)$ の部分はバラバラに展開するのではなく、

　上の例のように、$(3a^2-8a)$ をまとめて x の係数にしましょう。

　$(a+b)(c+d)=ac+ad+bc+bd$ を用いて展開すると

　x の係数（傾き）を整理する段階で計算ミスする人がいるようです。

（問題141）

関数 $f(x)=x^3-2x^2+1$ のグラフに点 $(3, 1)$ から引いた接線のうち、
接点の x 座標が 2 以上になる接線の方程式と、接点の座標を求めよ。

（$y=32x-95$,（4，33））　※詳解は巻末

【その142】

> ### 2つの放物線の共通接線を求める問題では、一方は微分で、もう一方は判別式で処理すると楽に解けることが多い

・2つの放物線のそれぞれの接点を2つの文字で置いて、

　それぞれの接線を作っても解けますが、

　一方のみ接点を文字で置いて微分により接線を作り、

　もう一方とその接線で判別式を考えると計算が楽に解けます。

　詳しくは（問題142）の詳解を参照してください。

(問題 142)

2つの放物線 $f(x) = x^2 - x,\ g(x) = 2x^2 - 4x + \dfrac{17}{8}$ の共通接線を求めよ。

($y = x - 1,\quad y = 3x - 4$)　※詳解は巻末

【その143】

二次関数と直線、二次関数同士で囲まれた面積は下の公式で素早く解ける

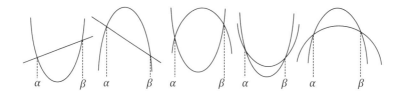

$$\int_{\alpha}^{\beta} (上の関数 - 下の関数)\, dx = \int_{\alpha}^{\beta} (ax^2 + bx + c)\, dx = -\frac{a}{6}(\beta - \alpha)^3$$

・共通テストや過去のセンター試験では、この公式を使うことを前提に作られている問題も多く見受けられました。

　必ず使えるようにしておきましょう。

(問題 143)

2つの曲線　$y = x^2 - 3,\ y = -x^2 - x + 3$ によって囲まれた部分の面積を求めよ。

($\dfrac{343}{24}$)　※詳解は巻末

【その144】

数Ⅲを履修していない人も、偶関数・奇関数の積分公式は覚えておくこと

偶関数と奇関数の積分公式

n が偶数のとき $\displaystyle\int_{-a}^{a} x^n\, dx = 2 \int_{0}^{a} x^n\, dx$

n が奇数のとき $\displaystyle\int_{-a}^{a} x^n\, dx = 0$

以下の公式も数Ⅲで学習するものですが、共通テストなどでは覚えておくと便利です。

$$\int (x + a)^n\, dx = \frac{1}{n+1}(x + a)^{n+1} + C$$

$$\int (ax + b)^n\, dx = \frac{1}{a} \times \frac{1}{n+1}(ax + b)^{n+1} + C \quad (C は積分定数)$$

・偶関数と奇関数の公式については $\displaystyle\int_{-a}^{a}$ のときに限られますが、

　知っていると計算がとても楽になりミスを減らせます。

(問題144)

次の定積分を求めよ。

(1) $\displaystyle\int_{-1}^{1} (2x^3 - 5)^2\, dx$　　　(2) $\displaystyle\int_{0}^{3} (2x + 1)^2\, dx$

　　　　($\dfrac{358}{7}$)　　　　　　　(57)　　※詳解は巻末

【その145】

三次関数のグラフの概形6パターンは覚えてしまうこと

・三次の項の係数の正負と $f'(x) = 0$ の判別式の値で、

　三次関数のグラフの概形は6パターンに分かれます。

　(詳しくは 問題145 の詳解を参照してください。)

　共通テストなど時間が厳しい試験のことを考えると、

　増減表を描かずに素早くグラフを描けるようになっておくことも大切です。

（問題 145）

三次関数のグラフの概形を 6 パターンに分類せよ。　※詳解は巻末

【その 146】

四次関数について、W 形、M 形など、基本的なグラフの概形については覚えておこう

・「その 145」にも書いたように

三次関数についてグラフの概形を掴んでおくことは必須ですが、

四次関数についても基本的なグラフの概形を知っておくと、

つまらないミスをしないですみます。

（問題 146）

四次関数　$f(x) = x^4 - 4x^3 + 4x^2$ の極値を求めよ。

（$x=0$, 2 のとき極小値 0, $x = 1$ のとき極大値 1）　※詳解は巻末

【その 147】

x 軸と曲線で囲まれる部分の面積を求めるときに書くグラフの概形は、平方完成や微分を用いずに因数分解を利用して求める

・面積を求めるときには x 軸との交点の座標がポイントとなることが多いので、因数分解して x 軸との交点を求めてグラフを描くのが一般的です。ただ因数分解できないときは、解の公式を使って x 軸との交点を求めた方が良い場合、平方完成で頂点を求めた方が良い場合、微分を用いる場合など、問題によります。

曲線 $f(x) = x^3 - 4x^2 + 3x$ と x 軸で囲まれた 2 つの部分の面積の和を求めよ。

$$\left(\frac{37}{12} \right) \quad \text{※詳解は巻末}$$

【その 148】

$$f(x) \div f'(x) = Q(x) \cdots R(x) \Rightarrow f(x) = f'(x)Q(x) + R(x)$$
$$f'(a) = 0 \text{ のとき } \quad f(a) = f'(a)Q(a) + R(a) = R(a)$$

・例えば、三次関数 $y = f(x)$ が $x = a$ で極値をとるとします。

このとき a の値に $\sqrt{\ }$ や分数が混ざると、

極値 $f(a)$ を求める計算は複雑になりミスしやすくなります。

そんなときは、$f(x)$ を $f'(x)$ で割った余りの式 $R(x)$ に a を代入して、

$R(a)$ を計算すれば、それが求めたい極値 $f(a)$ となります。

なぜなら、$f(x)$ を $f'(x)$ で割った商を $Q(x)$、余りを $R(x)$ とすれば、

$f(x) = f'(x)Q(x) + R(x)$ が成り立ちますが、$x = a$ で極値をとることより $f'(a) = 0$ なので、$f(a) = R(a)$ となります。

直接値を代入して計算するよりも、整式の割り算を用いた方が楽な場合にはとても使える方法です。

（問題 148）を解いて計算の仕方をつかんでおきましょう。

（問題 148）

三次関数 $f(x) = 2x^3 - 3x^2 - 18x + 1$ の極値を求めよ。

（ $x = \dfrac{1+\sqrt{13}}{2}$ のとき極小値 $\dfrac{-17-13\sqrt{13}}{2}$, $x = \dfrac{1-\sqrt{13}}{2}$ のとき

極大値 $\dfrac{-17+13\sqrt{13}}{2}$ ） ※詳解は巻末

【その149】

三次関数 $f(x)$ の極値を求めるとき、二次方程式 $f'(x) = 0$ に文字定数が含まれているときも、まずは因数分解できないか考えること

・三次関数の増減表を書くときは、$f'(x) = 0$ の 2 つの解を求めて、極値をとる x の値を求めます。

このとき方程式 $f'(x) = 0$ は、因数分解により解が求められることが圧倒的に多いです。

同様に文字が入った三次関数の増減表を作る時にも $f'(x) = 0$ の解を求めるときには、まず因数分解できるか考えてみましょう。

もちろん例外はありますが、多くの問題で因数分解で解を求めることができます。

(問題149)

$a > 0$ とする。$f(x) = -2x^3 - 3x^2 + 6(a^2 + a)x + a$ の極値を求めよ。

（ $x = -a - 1$ のとき極小値 $-4a^3 - 9a^2 - 5a - 1$,

$x = a$ のとき極大値 $4a^3 + 3a^2 + a$ ） ※詳解は巻末

【その150】

定積分の分数計算は、分母が等しい分数同士を先に計算すること

・当たり前としてやっている人も多いとは思いますが、

時々全部の数を通分して計算している人がいますので、

念のためここに載せました。

(問題 150)

定積分 $\displaystyle\int_{-1}^{2} (x^2 - 3x - 4)\, dx$ を求めよ。

また心得 144 の公式を利用した求め方も考えよ。

$\left(-\dfrac{27}{2} \right)$ ※詳解は巻末

【その 151】

求積問題を見かけたら、定積分を考える前に、小中学校の公式が使えないか考えること

・立体図形の体積

　　○○柱の体積＝（底面積）×（高さ）

　　○○錐の体積＝（底面積）×（高さ）× $\dfrac{1}{3}$

・定積分は場合により時間がかかりミスしやすい計算が多くなるため、使わないで済むときにわざわざ使うのは無駄な努力になりかねません。特に時間が厳しい共通テストなどでは、致命的なロスになります。

　求積問題を見かけたら、まずは三角形や台形、平行四辺形の面積などの公式で処理できないか、考えてみましょう。

　その後で、どうにも処理ができないときに限り、仕方なく定積分を使うという気持ちが大切です。

　特に数Ⅲで学習する回転体では、円錐などの公式が使えることがよくあります。

(問題 151)

4 つの直線　$y = -2x - 1$,　$y = \dfrac{1}{2}x + 2$,　$x = 1$,　$x = 4$ によって囲まれた部分の面積を定積分を用いた計算と、小学校の公式を用いた計算の 2 通りの方法で求めよ。

$\left(\dfrac{111}{4} \right)$ ※詳解は巻末

数列・ベクトル

※数列とベクトルの単元について、数列はそのまま数 B の単元として残っていますが、2022 年度より実施されている新課程でベクトルは数 C に移りました。

そのため、この本では数 B という表現は使わず、この 2 単元については、科目名はなしに数列とベクトルとしました。

§ 数列

【その152】

一般項が求められたら、初項、第2項を代入して合っているか検算すること

等差数列の一般項

初項 a_1，公差 d の等差数列の一般項は

$$a_n = a_1 + (n-1)d$$

等比数列の一般項

初項 a_1，公比 r の等比数列の一般項は

$$a_n = a_1 \times r^{n-1}$$

・前にも書きましたが、自分の計算は絶対間違えないというよほどの自信と、自信だけでなくその裏付けがある人にはとやかく言いません。

しかし、そうでない人には必ず検算する習慣を身につけて欲しいと思います。

求めた一般項を使って引き続き問題を解くときに、初めの一般項が間違っていたらその後は全滅してしまうこともありえます。

(問題152)

等差数列 $\{a_n\}$ において、$a_1 = -3$, $a_8 = 25$ であるとき、$\{a_n\}$ の一般項を求めよ。

また、$n = 1, 8$ を代入して、初項、第8項を確認せよ。

（ $a_n = 4n - 7$ ） ※詳解は巻末

【その153】

公比が r で等比数列の和の公式を使うときは、$r=1$ の場合も忘れないこと

等比数列の和の公式

初項 a, 公比 r の等比数列の初項から第 n 項までの和を S_n とすると

$$S_n = \begin{cases} na & (r=1 \text{ のとき}) \\ \dfrac{a(1-r^n)}{1-r} = \dfrac{a(r^n-1)}{r-1} & (r \neq 1 \text{ のとき}) \end{cases}$$

・等比数列で公比が 1 の場合には、どの項も初項と同じ数になるので、
その和は （初項）×（項数）です。
公比が文字で 1 になることがある場合には、
このときの和を別に答える必要があることを忘れないようにしましょ
う。

（問題 153）

等比数列 $\{a_n\}$ の第 n 項までの和を S_n とする。$a_1=3$, $S_3=39$ のとき、
公比を求めよ。　　　　　　　　　（ 公比 − 4, 3 ）　※詳解は巻末

【その154】

等差中項、等比中項の公式は、覚えておかなくても定義からすぐ作れる

等差中項

与えられた 3 数 a, b, c がこの順に等差数列をなすとき

$$2b = a + c$$

等比中項

与えられた 3 数 a, b, c $(a \neq 0, b \neq 0, c \neq 0)$ がこの順に等比数列をなす
とき

$$b^2 = ac$$

・等差数列とは、文字通り次の項から前の項を引いた差が常に等しい数列

ですので、a, b, c がこの順に等差数列になるならば、$b - a = c - b$ が成り立ちます。

同様に等比数列とは、次の項と前の項の比の値が常に等しい数列ですので、a, b, c がこの順に等比数列になるならば、$\dfrac{b}{a} = \dfrac{c}{b}$ が成り立ちます。

(問題 154)

$x > 0$, $y > 0$, $z > 0$ とする。x, y, z は、この順で等比数列になっている。

また、$2, x, y$ および $y, z, 5$ はそれぞれこの順で等差数列をなす。

このとき、x, y, z の値を求めよ。

$$\left(x = \frac{8}{3},\ y = \frac{10}{3},\ z = \frac{25}{6} \right)$$　　※詳解は巻末

【その 155】

群数列で答えをすばやく出したいときは、階差数列の公式などで処理する

階差数列を用いて一般項を求める式

数列 $\{a_n\}$ の階差数列を $\{b_n\}$ とすると、

$$n \geq 2 \text{ のとき} \quad a_n = a_1 + \sum_{k=1}^{n-1} b_k$$

・群数列で、「第 n 群の初めの項を求めよ」というような問題はよく出題されます。

教科書の解法がもちろん正しいのですが、記述試験ではなく共通テストのように答えを求めるだけなら、第 1 群の初めの項、第 2 群の初めの項、第 3 群の初めの項、……と幾つか書き出してみて、その数列の一般項を求めれば簡単に答えを出せます。

たいていは階差数列になる場合が多いです。

ただし、くり返し書きますが、これはあくまでも手っ取り早く答えをみつける方法であり、数学的帰納法などでその求めた一般項が正しいことを示さない限り、数学の解答としては不十分です。記述試験では使わな

いようにしてください。

（問題155）の詳解には、「答えを手早く見つける方法」と「正しい解法」の2通り載せましたので、（問題155）を解いた後に必ず確認してください。

（問題155）

群数列　1, 3 | 5, 7, 9, 11 | 13, 15, 17, 19, 21, 23 | 25, …

において、第 n 群の最初の奇数と、第 n 群の項の総和を求めよ。

（ $2n^2 - 2n + 1$,　$4n^3$ ）　※詳解は巻末

【その156】

数列の和の求め方については、
教科書に載っているものをきちんと理解していれば解ける

・問題中で数列の和について特殊な解き方が示されていない限り、一見複雑に思える数列でも、教科書に載っている和の求め方から解けるものがほとんどです。

教科書に載っている

　「等差数列の和の公式」、

　「等比数列の和の公式」、

　「Σの公式」、

　「部分分数パターン」、

　「（等差）×（等比）の和のパターン」

の和を求める5つのパターンは、公式と解き方を覚えるためにも繰り返し練習しておきましょう。

（問題156）

次の数列の初項から第 n 項までの和を求めよ。

(1) $\dfrac{1}{2 \cdot 5}$,　$\dfrac{1}{5 \cdot 8}$,　$\dfrac{1}{8 \cdot 11}$,　$\dfrac{1}{11 \cdot 14}$,　……　　　（ $\dfrac{n}{6n+4}$ ）

(2) 1,　1+3,　1+3+5,　1+3+5+7,　……（ $\dfrac{1}{6} n(n+1)(2n+1)$ ）

※詳解は巻末

【その 157】

数列のΣの公式は、導きづらいのでしっかり暗記する

Σの公式

$$\sum_{k=1}^{n} k = \frac{1}{2}n(n+1)$$

$$\sum_{k=1}^{n} k^2 = \frac{1}{6}n(n+1)(2n+1)$$

$$\sum_{k=1}^{n} k^3 = \left\{\frac{1}{2}n(n+1)\right\}^2 = \frac{1}{4}n^2(n+1)^2$$

・Σの公式は、元となる恒等式から順次導き出せますが、

その恒等式を覚えて導き出すのは、やや手間がかかる作業となるので、

Σの各公式については、まずはしっかり覚えて計算できるようにしてお

きましょう。

ただ理系学部志望の人については、余裕があるようなら導けるようにし

ておくと、入試などで役に立つことがあります。

（問題 157）

次の和を求めよ。

(1) $\displaystyle\sum_{k=1}^{n} k(k+2)$　　　　　(2) $\displaystyle\sum_{k=1}^{n} (k^3 - 2k)$

　　$\left(\ \dfrac{1}{6}n(n+1)(2n+7)\ \right)$　　　　$\left(\ \dfrac{1}{4}n(n+1)(n^2+n-4)\ \right)$

※詳解は巻末

【その 158】

階差数列の公式、和から一般項を求める公式などのように、添え字の $(n-1)$ が出て来たときは、必ず $n \geq 2$ が必要

階差数列を用いて一般項を求める式

数列 $\{a_n\}$ の階差数列を $\{b_n\}$ とすると、

　　　$n \geq 2$ のとき　　　$a_n = a_1 + \displaystyle\sum_{k=1}^{n-1} b_k$

数列の和と一般項の関係

数列 $\{a_n\}$ の初項から第 n 項までの和を S_n とすると

$$a_1 = S_1$$

$$n \geq 2 \text{ のとき } \quad a_n = S_n - S_{n-1}$$

・数列の添え字に $(n-1)$ が出てきたときは、必ず $n \geq 2$ を付ける必要があります。

これを無視すると、$n=1$ のとき、階差数列の $k=1$ から 0 までの和を求めることになったり、0 番目の項を求めることになったりとおかしい事態が生じます。

(問題 158)

(1) 数列 2, 7, 19, 38, 64, …の一般項を求めよ。

$$\left(\frac{7}{2} n^2 - \frac{11}{2} n + 4 \right)$$

(2) 数列 $\{a_n\}$ の初項から第 n 項までの和 S_n が、$S_n = 3^n - 1$ で表されるとき、一般項 a_n を求めよ。

$$(a_n = 2 \cdot 3^{n-1}) \qquad \text{※詳解は巻末}$$

【その159】

部分分数分解で解く数列の和は、初項、第2項で確認すればよい

・教科書では、第 n 項を部分分数分解していますが、実際には初項と第2項の2つの項を分解してみれば、他の項についても同様です。

ただし記述型試験などでは、第 n 項を部分分数分解した結果を書きましょう。

(問題 159)

次の数列の初項から第 n 項までの和を求めよ。

$$\frac{1}{1 \cdot 3} \ , \quad \frac{1}{3 \cdot 5} \ , \quad \frac{1}{5 \cdot 7} \ , \quad \cdots \qquad \left(\frac{n}{2n+1} \right) \qquad \text{※詳解は巻末}$$

【その160】

（等差）×（等比）の形の数列の和は、最後のまとめるところに時間がかかる

・特に公比 r が文字の場合、r^n, r^{n+1}, r^{n+2} などが混在するため、慣れていないと時間がかかり、ミスも増えやすくなります。

　文系で数学が苦手な人は、共通テストなど時間が厳しい試験では最後まで解こうとしないで、途中で次の問題に移った方が現実的な対応かもしれません。

（問題160）

次の数列の和を求めよ。

$$1 \cdot 1 + 2 \cdot 2 + 3 \cdot 2^2 + \cdots + n \cdot 2^{n-1}$$

$$(\ (n-1) \cdot 2^n + 1 \ )$$ 　※詳解は巻末

【その161】

数学的帰納法について、理系の人は手順を確実に理解しておくこと

数学的帰納法

　自然数 n に関する命題 P が、すべての自然数 n に対して成り立つことを示すためには、次の 2 つのことを示せばよい。

　　Ⅰ．　$n = 1$ のとき P が成り立つ。

　　Ⅱ．　$n = k$ のとき P が成り立つと仮定すると、$n = k + 1$ のときにも P が成り立つ。

・パターン化されている、解答欄がカンでも求められる、考える余地が少ない、問題を発展させづらい、などの理由により、センター試験では過去にわずかしか数学的帰納法の問題は出題されていません。

　そのため、大学入試で数学を共通テストしか使わない人は、数学的帰納法については、教科書の基本を押さえておく程度で大丈夫だと考えられます。

一方理系学部志望の方や、過去に証明問題が出題されている文系学部を志望する方は、数学的帰納法の「等式」証明だけでなく、「不等式」「漸化式」「整数型」など、それぞれについて、しっかり学習しておく必要があります。

（問題161）

等式 $\displaystyle\sum_{j=1}^{n} j^2 = \frac{1}{6}n(n+1)(2n+1)$ を数学的帰納法を用いて証明せよ。

※詳解は巻末

【その162】

漸化式の基本4パターン（等差・等比・階差・特性方程式）は、必ず解けるようにしておくこと

漸化式の基本4パターン

① 等差数列バージョン
$$a_{n+1} = a_n + d$$

② 等比数列バージョン
$$a_{n+1} = ra_n$$

③ 階差数列バージョン
$$a_{n+1} = a_n + （n の式）$$

④ 特性方程式バージョン
$$a_{n+1} = pa_n + q$$

・漸化式の基本4パターンは、それより難しい漸化式を解くときの基本になります。

　分数型・指数型・整数型などの漸化式は、置き換えなどのようなちょっとだけ変形をすることで、基本4パターンに帰着されます。

　したがってこの4パターンが解けないと、それより難しい漸化式は解けません。

（問題162）

$a_1 = 1, 2a_{n+1} - a_n + 2 = 0$ で定まる数列 $\{a_n\}$ の一般項 a_n を求めよ。

$$\left(a_n = 3 \cdot \left(\frac{1}{2}\right)^{n-1} - 2 \right)$$ ※詳解は巻末

§ ベクトル

【その163】

> ベクトルの問題文の中に、点 O が出てきたときは、そこを始点にした位置ベクトルを考えるとうまくいくことが多い

ベクトルの加法・減法

加法 $\overrightarrow{AB} + \overrightarrow{BC} = \overrightarrow{AC}$　　減法 $\overrightarrow{OB} - \overrightarrow{OA} = \overrightarrow{AB}$

・ごくまれに意地悪な問題もありますが、問題文の中に点 O が出てきたときは、ほとんどの場合、そこを始点に考えなさいと教えてくれています。

（問題163）

四角形 OABC において、$\overrightarrow{OB} + \overrightarrow{AC} = 2\,\overrightarrow{OC}$　が成り立つとき、

四角形 OABC は平行四辺形であることを示せ。　　※詳解は巻末

【その164】

> ベクトルの問題で最初にやるべきことは、始点をそろえること

内分点の位置ベクトル

2点 A $(\vec{a})$, B $(\vec{b})$ に対して、線分 AB を $m:n$ に内分する点 P の位置ベクトル $\vec{p}$ は

$$\vec{p} = \frac{n\vec{a} + m\vec{b}}{m+n}$$

・始点をそろえないと、内分点の公式などが使えないため解法へのアプローチが難しくなります。

（問題 164）

△ ABC において、等式 $\overrightarrow{PA} + 2\overrightarrow{PB} + 3\overrightarrow{PC} = \overrightarrow{0}$ を満たす点 P は
どのような位置にあるか。　　　　　　　　　※詳解は巻末

【その 165】

この準公式を覚えていると、空間ベクトルの大きさの計算が楽になる

$$(A + B + C)^2 = A^2 + B^2 + C^2 + 2AB + 2BC + 2CA$$

内積の定義

$\vec{a} \neq 0,\ \vec{b} \neq 0$ のとき、$\vec{a},\ \vec{b}$ のなす角を θ（$0° \leq \theta \leq 180°$）とすると
　　　$\vec{a} \cdot \vec{b} = |\vec{a}||\vec{b}| \cos \theta$

内積の性質

　　　$\vec{a} \cdot \vec{a} = |\vec{a}|^2$
　　　$\vec{a} \cdot \vec{b} = \vec{b} \cdot \vec{a}$
　　　$\vec{a} \cdot (\vec{b} + \vec{c}) = \vec{a} \cdot \vec{b} + \vec{a} \cdot \vec{c}$　　　$(\vec{a} + \vec{b}) \cdot \vec{c} = \vec{a} \cdot \vec{c} + \vec{b} \cdot \vec{c}$

・空間ベクトルでは 1 つのベクトルを基本となる 3 つのベクトルの和で表
　しますので、大きさを計算するときに、この公式を使うことになります。
　知っていると計算量がかなり減らせます。
　（問題 165）で確認してください。

（問題 165）

四面体 OABC において、OA=3,　OB=4,　OC=6,　∠ AOB = 60°,
∠ BOC = 90°, ∠ COA = 120°である。$\vec{a} = \overrightarrow{OA}$, $\vec{b} = \overrightarrow{OB}$, $\vec{c} = \overrightarrow{OC}$
とおく。

$\overrightarrow{OP} = \vec{a} - 2\vec{b} + 3\vec{c}$ を満たす点を P とするとき、$|\overrightarrow{OP}|$ を求めよ。
　　　　　　　　　（ $\sqrt{319}$ ）　　　※詳解は巻末

【その166】

メネラウス・チェバの定理はベクトルの問題で威力を発揮する

メネラウスの定理

$$\frac{AP}{BP} \cdot \frac{BR}{CR} \cdot \frac{CQ}{AQ} = 1$$

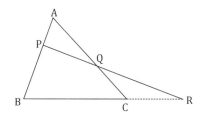

チェバの定理

$$\frac{AP}{BP} \cdot \frac{BQ}{CQ} \cdot \frac{CR}{AR} = 1$$

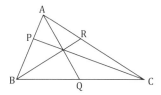

・数 A の『平面図形』で学習した定理ですが、辺や線分の比が簡単に求められるため、ベクトルの問題で重宝します。
共通テストなど時間の余裕がない試験では特に有効です。

(問題166)

△ABC において、AB を 3：1 に内分する点を D、AC を 2：3 に内分する点を E、線分 BE と線分 CD の交点を P とする。$\vec{b} = \overrightarrow{AB}$, $\vec{c} = \overrightarrow{AC}$ とおくとき、メネラウスの定理・チェバの定理を用いて、$\overrightarrow{AP}$ を $\vec{b}$, $\vec{c}$ で表せ。

$$\left(\ \overrightarrow{AP} = \frac{9}{14}\vec{b} + \frac{1}{7}\vec{c} \ \right) \quad ※詳解は巻末$$

【その167】

ベクトルの問題で角度の話が出てきたら、内積を考えることが圧倒的に多い

内積の定義

$\vec{a} \neq 0$, $\vec{b} \neq 0$ のとき、$\vec{a}$, $\vec{b}$ のなす角を θ $(0° \leq \theta \leq 180°)$ とすると

$$\vec{a} \cdot \vec{b} = |\vec{a}||\vec{b}| \cos \theta$$

ベクトルの内積と垂直

$\vec{a} \neq 0$, $\vec{b} \neq 0$ のとき、$\vec{a} \cdot \vec{b} = 0 \iff \vec{a} \perp \vec{b}$

内積と成分

$\vec{a} = (a_1, a_2)$, $\vec{b} = (b_1, b_2)$ のとき

$$\vec{a} \cdot \vec{b} = a_1 b_1 + a_2 b_2$$

直線のベクトル方程式

A $(\vec{a})$ を通り $\vec{d}$ に平行な直線のベクトル方程式は

$$\vec{p} = \vec{a} + t\vec{d} \qquad (t \text{ は実数})$$

t を媒介変数、$\vec{d}$ を直線の方向ベクトルという。

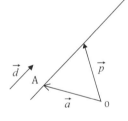

$\vec{n}$ に垂直な直線の方程式

点 (x_1, y_1) を通り、$\vec{n} = (a, b)$ に垂直な直線の方程式は

$$a(x - x_1) + b(y - y_1) = 0$$

$\vec{n}$ を直線の法線ベクトルという。

・ベクトルの問題で角度を取り扱うとなると、図形的な関係などから角度がわかることもたまにはありますが、やはり主役は内積になります。

「内積が 0 なら 2 つのベクトルが垂直」は、超重要ですが、ベクトルでそれ以外の角度を考えるときにも、まずは内積から考えるとうまくいく

ことが多いです。

2直線　$2x - y + 2 = 0$，　$x - 3y - 1 = 0$ のなす角 θ をベクトルを用いて求めよ。　　　　　　　（ $\theta = 45°$ ）　※詳解は巻末

【その168】

直交座標系を立体的に表す書き方は、実際にはあまり使わない

・立体図形や空間ベクトルの問題を見ると、すぐに x 軸、y 軸、z 軸を描いて直交座標で立体を表そうとする人がいますが、この図は無理矢理立体を平面に表したもののため、問題を解くヒントとしての図としては、分かりづらく使いづらいことが多いと思います。

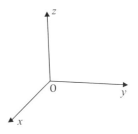

辺や頂点の関係、ベクトル同士の関係などを把握するために図は書くものなので、ほとんどの場合、直交座標を使わずに平面的に位置関係を書いた図で十分です。

（問題168）

xyz 空間において、3点 A $(1, 1, 1)$, B $(0, 2, 6)$, C $(-2, 2, 5)$ と点 P (x, y, z) が同一平面上にあるための必要十分条件を求めよ。

（ $x + 11y - 2z - 10 = 0$ ）　※詳解は巻末

【その169】

ベクトルの内積と大きさで表せる三角形の面積の公式は使う機会が意外とある

ベクトルを用いた三角形の面積の公式

△ OAB において、 $\overrightarrow{OA} = \vec{a}$, $\overrightarrow{OB} = \vec{b}$ とすると

△ OAB の面積 S は

$$S = \frac{1}{2} \sqrt{|\vec{a}|^2 |\vec{b}|^2 - (\vec{a} \cdot \vec{b})^2}$$

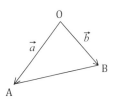

・数 I の「余弦定理」と「三角形の面積の公式」が使えれば問題は解けますが、ベクトルの内積と大きさで表せる三角形の面積の公式は、覚えておくと素早く解けて便利です。

(問題 169)

上の公式が成り立つことを示せ。　　　　　　　※詳解は巻末

【その 170】

『図形と方程式』の問題は、ベクトルを使って解く方が速い場合もある

・直線を対称の軸として、ある点と対称な点を求める問題など、ベクトルを使う方がスッキリ解ける場合があります。

逆にベクトルの問題を、図形と方程式の公式や数 A の平面図形の定理などで解いた方が速い場合もあります。

解答は一つですが、解法が複数考えられる問題は多くあります。

答えを求めて終わりにせずに、解けた後、今度は別解がないか考えてみましょう。

(問題 170)

直線 $3x + 4y - 15 = 0$ に関して、点 P $(1,\ 2)$ と対称な点 Q の座標をベクトルを用いて求めなさい。

$$\left(\text{Q} \left(\frac{49}{25},\ \frac{82}{25} \right) \right) \quad ※詳解は巻末$$

【その171】

方向ベクトルと法線ベクトルを用いた直線のベクトル方程式、円のベクトル方程式の公式は必ず覚えておくこと

直線のベクトル方程式

A（$\vec{a}$）を通り $\vec{d}$ に平行な直線のベクトル
方程式は

$$\vec{p} = \vec{a} + t\vec{d} \qquad (t は実数)$$

t を媒介変数、$\vec{d}$ を直線の方向ベクトルという。

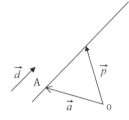

$\vec{n}$ に垂直な直線の方程式

点 (x_1, y_1) を通り、$\vec{n} = (a, b)$ に垂直な直線の方程式は
$$a(x - x_1) + b(y - y_1) = 0$$

$\vec{n}$ を直線の法線ベクトルという。

円のベクトル方程式

中心 C（$\vec{c}$）, 半径 r の円のベクトル方程式は
$$|\vec{p} - \vec{c}| = r$$

A（$\vec{a}$）, B（$\vec{b}$）とするとき AB を直径とする円のベクトル方程式は
$$(\vec{p} - \vec{a}) \cdot (\vec{p} - \vec{b}) = 0$$

・中学数学で一次関数の式を覚えていなければ、座標上の直線の問題は解けません。

同様に直線のベクトル方程式、円のベクトル方程式の公式を覚えていなければ、ベクトルが絡んだ直線や円の問題は解けないものが多く出てきてしまいます。

可能ならば、導き方から頭に入れておきましょう。

（問題171）

定点 A（$\vec{a}$）, B（$\vec{b}$）と動点 P（$\vec{p}$）がある。このとき、$\vec{p}$ に関するベクトル方程式 $(2\vec{p} - \vec{a}) \cdot (\vec{p} + 2\vec{b}) = 0$ はどのような図形を表すか。ただし、$\vec{a} \neq \vec{0}$, $\vec{b} \neq \vec{0}$, $\vec{a}$ と $\vec{b}$ は平行ではないとする。

※詳解は巻末

【その 172】

空間上の直線を考えるときは、直線のベクトル方程式を使う

・「基礎解析」「代数幾何」を履修してきた世代の方ならば、空間の直線の方程式を学習したと思いますが、今の教科書には空間の直線の方程式は載っていません（発展的事項として記載されている場合はありますが）。

そのため空間上で直線を考えるときは、直線のベクトル方程式を使うことになります（媒介変数 t を消去すれば、直線の方程式は導けますが……）。

直線のベクトル方程式は、空間をあまり意識せずに平面ベクトルと同様に問題を解けるので非常に便利です。ぜひマスターしてください。

(問題 172)

2 点 A $(6, -2, 4)$, B $(4, 2, 6)$ を通る直線を l とする。直線 l に原点 O から垂線 OH を下ろすとき、l 上の点 H の座標を求めよ。

（ H $(5, 0, 5)$ ）　　※詳解は巻末

【その 173】

平面 $ax + by + cz = 0$ の法線ベクトルの一つは (a, b, c) である

・平面と垂直なベクトルや平行なベクトルを求めるときには、法線ベクトルが重要な役割を果たします。

(問題 173)

平面 $x - 2y + 2z - 2 = 0$ へ、点 A $(1, -1, 2)$ から垂線 AH を下ろしたときの垂線の足 H の座標を求めよ。

（ H $\left(\frac{4}{9}, \frac{1}{9}, \frac{8}{9} \right)$ ）　　※詳解は巻末

【その174】

平面上の任意のベクトルは、大きさが0でなく、平行でない2つのベクトル（一次独立）で表せる

・2つのベクトルの実数倍と和を考えることで、同じ平面上の任意のベクトルをその2つのベクトルで表すことができます。

　平面上のベクトルを表すには、違う方向を向いた2つのベクトルがあればよいことは、しっかり頭に入れておきましょう。

（問題174）

$\vec{a} = (1,\ 3),\ \vec{b} = (1,\ 2)$ とするとき、$\vec{p} = (-3,\ 2)$ を $\vec{a}$, $\vec{b}$ で表せ。

（ $\vec{p} = 8\vec{a} - 11\vec{b}$ ） ※詳解は巻末

【その175】

$|\vec{a} + \vec{b}|$ の形をみたら2乗してみる

内積の計算法則

$\vec{a} \cdot \vec{b} = \vec{b} \cdot \vec{a}$

$\vec{a} \cdot (\vec{b} + \vec{c}) = \vec{a} \cdot \vec{b} + \vec{a} \cdot \vec{c}$

$\vec{a} \cdot (\vec{b} - \vec{c}) = \vec{a} \cdot \vec{b} - \vec{a} \cdot \vec{c}$

$(k\vec{a}) \cdot \vec{b} = \vec{a} \cdot (k\vec{b}) = k(\vec{a} \cdot \vec{b})$

・$|\vec{a} + \vec{b}|$の形は、2乗して内積計算に持ち込むことが多いです。

　$|\vec{x}|^2 = \vec{x} \cdot \vec{x}$ ですので、$\vec{a}$ と $\vec{b}$ の内積や大きさがわかっているときなどは、2乗すれば和の大きさを求めることができます。

（問題175）

$|\vec{a}| = 3,\ |\vec{b}| = 2,\ |\vec{a} + 2\vec{b}| = 3$ のとき、$\vec{a} - \vec{b}$ と $\vec{a} + t\vec{b}$ が垂直であるような t の値を求めよ。　　　　（ $t = \dfrac{13}{8}$ ） ※詳解は巻末

共通テスト数学
大学入試
数学の学習法

§ 共通テスト数学

【その 176】

> 共通テストは時間が厳しい試験、
> 書かなくて済むことは可能な限り書かずに時間を節約

・共通テストはボリュームがあるため、時間切れになり、最後の問題まで
　解き切れない人もかなりいると思います。

　分数式など分母が変わらないのなら、書かずに分子だけで計算する、グ
　ラフの概形を覚えて増減表を書かないなど、可能な限り書くことを減ら
　して時間を作ることはとても大切です。

　この本でも時間を短縮するための方法について、あれこれ書いてきまし
　たので参考にしてください。

　ただし短縮した結果、ミスが増えるようでは元も子もありませんので、
　十分に気を付けましょう。

【その 177】

> 共通テストでは、飛ばす部分と解く部分を見極める
> 精度を上げておく

・繰り返しになりますが、共通テストは時間が厳しい試験です。

　しかしほとんどの受験生にとって、満点を狙う試験ではありません。

　すべて解答できるだけの実力とスピードを持った受験生ならばよいです
　が、そうでない人は、飛ばす部分をしっかり見定めて、取るべき部分で
　しっかり得点することが、目標点に届かせるための現実的な対応となり
　ます。

　模試や実践問題を繰り返し解いていく中で、飛ばす部分と解く部分を見
　極める精度を高めていきましょう。

【その 178】

> ### 共通テストの数学は、計算精度と計算スピードが上がれば上がるほど点数が伸びる

・既に 8 割以上の点数を取っている人は、これだけでは更に点数を伸ばすことは難しいでしょうが、そうでない人ならば、とりあえず計算スピードを上げることと、計算精度を高めることに絞って特訓していけば、点数はかなり伸びます（もちろん基本的な事柄を理解していることが大前提ですが）。

共通テストの数学は時間が非常に厳しい試験です。

そのため計算スピードが上がれば上がるだけ問題に取り組む時間を増やすことができ、点数を伸ばすことができます。

【その 179】

> ### センター（共通一次）試験の数学には、教科書の章末問題レベルの問題を出題するという建前があった

・あくまでも建前なので、実際にはこれより難しい問題が多かったように感じますが、最低でも教科書の章末レベルの問題が解けないようでは、センター試験や共通一次試験の数学で、6 割以上取るのは厳しかったと思います。

共通テストでもこれらの試験と同様に、最低でも教科書の章末レベルの問題が解けるようになっている必要があります。

もちろん、共通テストでは更に難易度が高い問題が多くなってきているため、章末問題が解けるようになったからといって、それで十分なわけではありません。

【その 180】

> ### 共通テストの数学では、100%の確信が持てなくても、手詰まりするよりはましと考えた方が良い

・時間が厳しい共通テストの数学では、正攻法で問題に向かうのがベストではない場合も多々あります。

正攻法で計算するのではなく、実際に幾つか調べてみれば解答の予想ができる場合も時々見受けられます。

100％正しいか確信が持てないとしても、正攻法で解けなかったり、時間切れになってしまうよりは、予想を正しいと信じて先に進めるのが、現実的な対応である場合もありえます。

【その181】

> マークシートの解答欄が一桁のときは、0から9まで具体的に代入してみるほうが速い場合もある

・もちろん正しい数学の解法ではありませんが、マークシートならではの解き方としては有効になる場合があります。

例えば $\sqrt{ア}$ でアに入る数がわからないとき、とりあえずアを3にして計算を進めたとして、その後のマークシートが適切に埋まっていったなら、アが3で正解である可能性は高くなります（もちろん大きく外していて、全滅になる可能性もありますが……）。

正しい解法が思いつかないときの最終手段としてならば使えそうです。

【その182】

> 高3の夏休みまでに最低1回は共通テストの過去問を解くこと

・高3の夏休みを過ぎたのに、共通テストの過去問をまだ一度も解いたことのない受験生の方がもしいたら、早急に一度は解いてください。

もちろん受験生個々の実力にもよりますし、過去問が解けなかったらどうしようと不安になる気持ちもわかりますが、一般的に言って、敵の正体を知らずに戦っていては勝ちは見えてきませんので。

§ 大学入試、数学の勉強法など

【その183】

図 (表・絵) を描いて問題を視覚化すること

・問題文を視覚化することで、問題は把握しやすくなります。

　トリセツを読むより取り扱い動画を観る方が、その製品を易しく簡単に理解しやすいと思います。

　普段から積極的に図を描くように意識しながら、数学の学習を行っていきましょう。

【その184】

わからない問題に出会ったときは、 具体的に書き並べてみる 数値を幾つも代入してみる 簡単な数値に換えてみる 似た問題を思い出してみる

・わからない問題に出会ったときには、とにかくこのわからない状況をどうにかして突破させる必要があります。

　そのためには最低限、上に書いたようなことを試してみてください。

　あれこれ試してみて、それで解けなかったとしても、この問題に対する理解は格段に深まっています。

　それが数学力のアップにつながり、やがて合格へとつながります。

【その185】

別解を探すことで数学力は格段にアップする

・この項目だけは少し数学が得意な人向けになってしまいますが、問題が

解き終わった後に別解を考えてみるのは、数学力を伸ばすための良い方法です。

数学の問題の答えは一通りに決まりますが、その答えを導くための解法については何通りも考えられる場合が多いです。

問題が解き終わった後に別解を考えることで、その問題の理解だけにとどまらず、その問題の周辺の問題や事柄についての理解を深めることもできます。

この積み重ねを行うことで、ますます数学の力を伸ばしていけます。

【その186】

数学の教科書に出てくる定義には、それぞれ定義される理由がある

・定義を覚えるためには、なぜこの式を定義したのか理由がわかると覚えやすくなります。例えば「ベクトルの内積」などのように、高校数学の教科書では詳しく理由が書かれていない定義もありますが、可能な限り教科書に載っているものについては理由を理解しておきましょう。

(問題186)

導関数の定義を答えよ。　　　　　　　　　　　※詳解は巻末

【その187】

問題を解き終わった後、検算できないか、答えが妥当か考える習慣をつけておく

・何回か検算の重要性については説明してきましたので、あらためて書くことはありません。

例えば、

「位の数、絶対値、ベクトルの大きさ、分散が負の数」

「人数、個数、本数が分数」

「プールの容積が 3L、走った距離が 10㎝」
などなど求めた答えが妥当なのかどうか、見直せばすぐに間違いに気づ
ける場合も多々あります。
自分が求めた答えが間違いだと気づければ、直すことも可能です。
明らかに間違いだとわかる答えをそのままにしておくようでは、合格は
危うくなります。

【その 188】

記述式試験では、述語や記号の意味をしっかり書くこと

・高校生達が書いた答案を見ると、問題文に説明されていない文字が突然
出てきたり、どの式を使って連立したかがわからなかったり、式同士の
つながりがよくわからなかったり……といったことが度々あります。
大学入試の採点者は、可能な限りプラス視点で答案を読んでくれるとい
う話は聞いたことがありますが、説明不足で減点される可能性は大いに
あり得ます。
「判別式 D」、「$t =$〜とおく」、「求める点を P (x, y) とおく」などなど、
相手に読んでもらうものという意識を常に忘れずに、答案を作成してい
きましょう。

【その 189】

集中とリラックスのバランスをとりながら問題に取り組むこと

・問題と問題の合間に少しだけリラックスして、その後で再び集中して次
の問題に取り組むのは良い方法ですが、問題を解いている最中にあまり
リラックスしすぎると、つまらないミスを誘発する可能性があります。
しっかり集中、ほどよく緊張、ほどよくリラックスして問題に取り組む
姿勢が大切です。

【その190】

これからの高校数学の問題では、中学数学のような文章問題が増えてくることが予想できる

・先行きが予想しづらいこれからの社会では、知識の量だけでなく、自ら問題を発見し、答えや新しい価値を生み出す力が重要になるという考えから、センター試験は廃止され、代わりにこの考えに即して作られた大学入学共通テストが行われるようになりました。

このような時代の流れから考えると、これからは日常生活とかかわる問題のような、文章問題が増えてくることが予想できます。

文章問題では数学力はもちろん必要ですが、文章を読み解く読解力も大切になってきます。

読解力はすぐには身につきませんので、早い時期から対策していく必要があります。

【その191】

数学をレベルアップさせるカギは、現在の実力より少しだけ上のレベルの問題に出会えるかで決まる

・現在のレベルより簡単な問題は理解しているかの確認としては使えますが、これだけ解いていても、数学の力は上がっていきません。

また、現在のレベルよりかなり上のレベルの問題を解いても、自力ではどうにもならず、結局解説を読んで理解するのが精一杯になってしまいます。解説を読んで理解するだけでは、「自分の頭で考える」という数学としては一番大切な作業が入らないため、数学の力はアップしていきません。

すぐに解けるわけではなさそうだけど、しばらく考えれば解けるかもと思える問題が、あなたをレベルアップさせてくれる問題です。

（問題191）　※　数学の問題ではないですが、有名な面白い問題です。

A君，B君，C君の3兄弟が、1万円ずつ出し合ってゲーム機を買うことになり、電気屋さんを訪れました。兄弟たちから預かった3万円を店員さんは店長に渡したのですが、店長は2万5千円にまけてあげることにしたようで、5千円を兄弟たちに返すように店員に渡しました。

しかし5千円は3人で分けると割り切れないと考えた店員は、兄弟たちが見ていないのをよいことに、その中の2千円を自分のポケットにしまい込んでしまい、残りの3千円を兄弟たちに千円ずつ返しました。

兄弟たちは1万円ずつ出し合いましたが、千円ずつ返って来たので9千円ずつ払ったことになります。それに店員が2千円盗んだことを合わせると、

$$9,000 \times 3 + 2,000 = 29,000$$

あれ？　始め3万円あったはずなのに、2万9千円になってしまいました。

千円はどこに消えてしまったのでしょうか……？

※詳解は巻末

【その192】

高1・高2の模試は、高3のマーク模試より難しい問題が出題されることもある

・高1や高2のときに受けた模試の数学が全然解けなかったので、共通テストの数学を入試科目にするのをあきらめる人がいますが、これは間違いです。

高1・高2で受けた模試は記述式ということもあり、範囲は絞られているものの、私立や国立の個別試験を意識して作成されている場合が多いです。

逆に高 3 のマーク模試は共通テストに合わせて作られているため、難易度としては個別試験より易しいものになっています。

【その 193】

模試は志望大の合格可能性を教えてくれるものではなく、弱点を教えてくれるものである

・模試の点数が悪かった時にやるべきことは、志望校を変更することではなく、その模試を分析して、自分の弱点がどこにあるかを探しだすことです。

入試直前の模試であれば、もちろんその結果によって志望大変更なども含めて考えなければならないこともありますが、そうでない限り、模試の判定に一喜一憂するのはあまり意味がないことです。

今まで指導してきた生徒の中には、E 判定から第一志望大に合格した生徒もいますし、残念なことに A 判定が出ていたのに本番で実力が出し切れずに不合格になった生徒もいます。

模試の判定が悪かったと落ち込んでいる暇があるくらいなら、その時間を使って、自分の弱点を冷静に分析して、今後の受験勉強の計画を立てていきましょう。

【その 194】

数学の問題が解けないときは、まずは問題文を覚えること

・数学の問題が解けないとき、すぐに解説や解答を見てしまっていては、いつになっても数学の力は上がってはいきません。

まずは解けなくてもよいので、可能な限り時間を使って考えてみる習慣をつけましょう。

そのときにまずやるべきことは、問題文を覚えることです。

問題を覚えてしまえば、机に向かってテキストを開かなくても、トイレでもお風呂でも、寝る前にでも、空いた時間に問題について考えること

ができます。

最終的にもし自力で解けずに解答を見ることになったとしても、時間を
かけてあれこれ考え抜いた問題ならば確実に頭に残るので、次回からは
自力で解決できるようになります。

他の教科についてはわかりませんが、数学に限って言えば、こういう机
から離れた勉強は、力を伸ばすのに非常に有効な方法です。

【その 195】

難しい問題を解くのが受験勉強と勘違いしている人が多い

・遅くとも高校 2 年生の 3 学期頃からほとんどの人が大学入試の受験勉強
を始めることになりますが、その受験勉強を始めるときに、共通テスト
の過去問や個別試験の問題をいきなり解く人がいます。

その教科について十分な知識と、それに伴う実力がすでに付いている人
ならばよいですが、そうでない人が、いきなり難しい問題から受験勉強
を始めても、それではいつになっても実力はアップしていきません。

敵を知るために、試しに過去問題を一度解いてみるというのならばよい
ですが、受験勉強は、必ず基本的事項の確認を行うことから始めていき
ましょう。

【その 196】

受験勉強を始める前に、自分が必要とする数学のレベルを
しっかり把握しておくこと

・本来なら上限を決めた勉強というのは勉強の本当の意義からは大きく外
れるものですが、受験勉強に関してだけは、志望大学の出題レベルに合
わせた勉強が必要となります。

共通テストの数学しか使わないのに、難関大レベルの記述問題ばかりを
こなしていては、効率の悪い受験勉強になってしまい、合格も危うくなっ
てしまいます。

その分の有効な時間を他の教科に使うべきでしょう。

逆に国公立大の個別試験科目に数学があるのに、いつまでも教科書併用の問題集で基本の確認ばかりしているようでは、これも危なくなります。

もちろん受験する大学のレベルなどにより大きく左右されますが、一般的に言って、教科書併用の問題集だけの対策で合格点を取るのはかなり厳しいことは間違いありません。

最低でも、

「共通テスト数学のみ」、

「標準的な大学の記述式試験まで」、

「難関大の個別試験まで」

の3段階の中で、自分が必要とするのはどのレベルなのかは、しっかり把握しておきましょう。

【その197】

遅くとも高3の夏休み前までには、教科書の公式・例題の解法を全て頭に入れておくこと

・数学が嫌いな受験生なら、なおさら高3の夏休み前までには、教科書の公式・例題の解法を全て頭に入れておきましょう。

受験の天王山となる夏休みに教科書レベルの学習をしているようでは、残念ながら入試には間に合わなくなってしまいます（数学Ⅰだけしか入試科目がないとかならば話は別ですが）。

【その198】

浪人するつもりのない受験生は、ここなら納得して4年間通うことができるという滑り止め大学を探しておくこと

・滑り止め大について、結構安易に決めている人は多いようです。

ダメだった時のことなど誰も考えたくはない気持ちはわかります。

ですが浪人しないのならば、いざとなったらその大学に通うことになる

のですから、ここなら納得して卒業まで通うことができるのか、よく調べて、よく考えておくべきです。

入学した後に嫌になり、結局辞めてしまうようなことがあったら、時間的にも費用的にも、あまりにもったいないです。

【その199】

複数大学の受験を考えている受験生は、入試日・入試会場に無理がないかしっかり確認しておくこと

・多くの大学で、地方会場の入試を行っていますが、受験のためにかなりの遠距離を移動しなければならない場合もありえます。

無理のない受験スケジュールが立てられるよう、早めに各大学の入試日程を調べて調整しておきましょう。

また入試直前には、受験会場近くの宿は予約客で一杯になっていることが多いようです。

今は直前までキャンセル料がかからない宿も多いようですので、宿泊が必要となる可能性が高い場合は、早めに予約しておきましょう。

【その200】

受験勉強は、嫌いな教科の苦手意識をどれだけなくせるかにかかっている

・例えば共通テストの目標点数が7割だとします。得意な教科で9割取れたとしても、苦手な教科で5割を切るようでは、目標には届かないことになってしまいます。

苦手教科でも、最低6割程度は得点できるよう十分な対策をしていかなければ、合格は危うくなります。

苦手な教科にどれだけ時間をかけられるか、苦手なりにも目標点に届かせられたかが合格の鍵となります。

【その201】

国公立大理系学部志望の受験生は、高3の10月くらいまでは、徹底して数学の個別試験対策を行っていくこと

・共通テストが終わってから、国公立大の個別試験（二次試験）までは1ヶ月程度の期間があります。

　この期間は個別試験の科目に集中して学習できるため、効率的に学習を行うことでかなり実力をアップさせることは可能です。

　とはいえ、この時期になって初めて理系の基本問題を解いているようでは、本番には間に合いません（もちろん大学のレベルにもよりますが）。

　10月頃からは数学も共通テスト対策にウエイトを置いていかなければならなくなるため、それまでにある程度のレベルまで数学の力を上げておく必要があります。

【その202】

理系の受験生の合否は、数学では決まらない場合が多い

・理系の受験生なら数学ができるのは当たり前のことで、数学で人より大きく差をつけるのはなかなか難しいと思います。

　数学に関していえば、自分が完璧に解けた時には、大抵他の受験生たちも完璧に解けているものです。

　合格のためには、理系の受験生ならば、数学は高得点が取れて当たり前になっておき、他の教科で人より差をつけられるようにしていかなければなりません。

【その203】

高校1・2年での日々の学習は将来の大学入試に直結している

・大学入試では、膨大な量の知識や技能が問われます。

　その知識や技能を高校3年生になってからの受験勉強だけで、自分のものにするのはかなり難しくなります。

もちろん志望する大学や通っている高校により大きく異なりますが、大抵の進学校と呼ばれるような高校であれば、大学入試に必要となる知識や技能のうち、最低でも7割以上は普段の授業で学習しているはずです。

志望大学に合格するためには、高校1・2年の過ごし方がとても大切になります。

定期試験のためだけではなく、将来の大学入試に向けての準備という意識を持って、高校1・2年生での学習をしていきましょう。

【その204】

教科書は基礎を身につけるのに一番役に立つ本

・高校数学の基礎を勉強をするのに一番役に立つ本は、もちろん教科書です。

疑問に感じるところ、わからないところは他の参考書とかの力を借りて構わないので、まずは教科書を細部まで理解しましょう。

その上で受験問題集などで強化していけば、入試に勝てる弱点のない自分が作れます。

【その205】

わかるところまで戻って数学の学習をする

・数学がわからない！　という人は、数学ができなくなったところまで戻って教科書を読み返してみましょう。

高校1年生になって高校数学がわからなくなったのなら、中学の教科書を引っ張り出して復習する、高校2年生なら数Iの教科書や参考書をやり直すという具合にです。

もっと難しい数学を学習している今なら、以前悪戦苦闘した数学が簡単に感じられるかも知れません。

昔わからなかったからといって、今もわからないとは限りません。

試してみましょう。

【その 206】

教科書が難しければ、読みやすい参考書で学習すること

・教科書はほどよくわかりやすく、とても丁寧に書かれていますが、硬い
　文体のこともあり、特に苦手単元などを理解するときには使いづらいこ
　とがあります。

　苦手をいつまでもそのままにしておいては数学は永久にできません。

　すぐに本屋に行って、自分にとって読みやすい参考書を探しましょう！

　スポーツでも趣味でも道具選びは大切です。

　納得のいかない道具を使っていては満足できる上達は見込めません。

　納得できる道具を選ぶためには、ある程度出費する覚悟も必要となりま
　す。

　といっても経済的な理由などにより、参考書にお金を出せないという人
　もいるでしょう。

　最近は、無料で解説してくれているサイトや動画などがネット上に溢れ
　ています。

　これらのコンテンツを上手に使うのも良い手かと思います。

　ただその場合でも、参考書を選ぶときと同様に、自分に合ったコンテン
　ツを慎重に探してください。

　友達が勧めたコンテンツだからと安易に飛びつかないように！

　友達はあなたではありません！

　数学の理解度、必要とする数学の到達点、性格、勉強のスタイル……、
　などをしっかり踏まえた上で、自分に合う道具を見つけていきましょう。

【その 207】

スランプに陥ったときは、基本に戻る

・数学の受験勉強でスランプに陥ったときは、しばらくの間基本に戻り、
　解ける問題をもう一度解き直すのがよいです。

　自分は既にこれだけの問題が解けるようになっているんだと思えること

で、スランプからの脱出につなげやすくなります。

もちろん受験生の性格や受験までの日数などにもよりますが。

【その 208】

数学は量より質を大切に

・やみくもにたくさんの問題をこなすよりも、良問を時間をかけてしっかり解き、その問題自体と周辺の事柄についての理解を深めるほうが数学の力はアップします。

　ただ定理を覚えるためや基本的な計算力をつけるためなら、ドリルのようにたくさんの問題をこなしていくことも有効だと思います。

【その 209】

数学の細部は後回しにしてもとりあえずは大丈夫

・数学の学習では「わからないことをわからないままにしない」とよく言われます。

　もちろんこれは正しいのですが、一方で何もかも理解しようと思わないで後に回すことも大切だったりします。

　基本事項はその時に必ず理解しとくべきですが、細部は理解出来なければ後回しにしても大丈夫です。

　ただしその単元に慣れてきたら、必ずそのわからなかった細部を理解することに時間を使ってください。

　その単元の理解が深まれば深まるほど、細部の理解も容易になっていきますので。

【その 210】

自分の数学の到達点を示してアドバイスをもらうこと

・当たり前のことですが、赤点対策、共通テスト対策、難関大理系対策など、

その人の必要とする数学の到達点と現在の理解度により、役に立つ数学の参考書・問題集は大きく異なります。

SNSなどでお勧めの本をきくときは、自分の必要とする数学の到達点と現在の理解度をしっかり伝えてからアドバイスをもらうことが大切です。それがわからないと、アドバイスする側としても一般的なことや自分の経験を話すしかなくなり、あなたの役に立つアドバイスをするのが難しくなりますので。

【その211】

問題集の模範解答は熟読しない

・わからない問題の模範解答を一行一行丁寧に熟読している生徒がたまにいますが、それでは自分の頭で考える作業が入らないため、いつになっても数学の力は付いていきません。

　引っかかった部分だけチラッと解答を見て後は自力で解く、また引っかかったらそこだけ見てまた自力で解く、全部解けた後で初めて模範解答をじっくり読んで、自分の解答の不備な部分を修正し理解する、この繰り返しが大切です。

【その212】

問題文に書かれたすべての条件を使ったか確認すること

・余分なことや使わないこともいろいろと書いてあって、その中から必要な条件を読み取って解答にたどり着くような問題の方が将来の役には立つのでしょうが、残念なことに大抵の数学の問題文には解くための条件が過不足なく書かれています。

　ですから、使っていない条件がないか解法の過程でしっかり確認しながら解き進めて、解き終わった後にすべての条件を使ったか再度確認することが大切です。

【その213】

高3の夏の受験勉強は苦手教科を中心に

・夏の受験勉強は、苦手な教科を徹底的に学習し、そのスキマ時間に得意な教科の学習を行うというスタイルが効果的です。

もちろん人それぞれ事情が異なるので一概には言えませんが、得意教科にはほっといても目が向くものなので、いかにその気持ちを抑えて苦手教科に気持ちを向かわせるかが大切です。

大学受験の天王山となる高3の夏休みに得意教科ばかりやっていては、合格するのは難しくなってしまいます。

【その214】

教科書の例題はすべて解けるのが当たり前

・数学を入試で使う受験生の人、遅くとも高3の夏休みの前半までには、教科書の例題を全部解けるか一度確認してみましょう！

今さら教科書なんて〜という声が出そうですが、教科書の例題すら解けない人が、大学入試の問題など解けるはずがありません。

なぜ教科書の例題をと思う人もいるでしょうが、それはしっかりした解答が付いているからです。

詳しい解答が載っていない問題集では、わからない問題に出会ったときに解決できず、自分の力にしていけませんので。

【その215】

受験勉強の効率ばかり追い求めるのは逆効果

・早く解けたり、楽に解けたりする解法を頭に入れることも受験生には大切ですが、基本的な解法をまずはきっちり理解して、その上で受験テクニックのような効率の良い解法をマスターするように心がけてください。

基本を疎かにして効率ばかり追い求めると、結局は理解不足になり、入試に対応できる本当の実力が身につきません。

入試問題を作成される方々は、もちろんそのような受験テクニックを詳しく知っておられ、その上で問題を作られているはずです。

受験テクニックの裏をかくような問題が出題される可能性も十分にあります。

受験テクニックを過信することのないように、あくまでも基本のプラスアルファとして受験テクニックはあるという意識を忘れないでください。

詳 解

（数Ⅰ）

§ 三角比（詳解）

（問題１）

AB＝2，∠B＝45°，∠C＝30°の△ABCがある。BC, CAの長さを求めよ。

解答： Aから BC に垂線を下ろし、その
足を D とする。

△ABD において、$\cos B=\dfrac{BD}{AB}$ ◁ 鋭角の三角比の定義より

この式より、$BD=AB\cos45°$

$$=2\times\dfrac{\sqrt{2}}{2}$$

$$=\sqrt{2}\ \cdots\cdots\ ①$$

△ABD は直角二等辺三角形であるから $AD=BD=\sqrt{2}\cdots\cdots$ ②

△ACD において、$\tan C=\dfrac{AD}{CD}$ より $CD=\dfrac{AD}{\tan30°}$

鋭角の三角比の定義より

$$=\dfrac{\sqrt{2}}{\frac{1}{\sqrt{3}}}\quad（②より）$$

$$=\sqrt{6}\cdots\cdots\ ③$$

①，③より、$BC=BD＋CD=\sqrt{2}+\sqrt{6}$

△ACD において、$\cos C=\dfrac{CD}{CA}$ より $CA=\dfrac{CD}{\cos30°}\quad（③より）$

鋭角の三角比の定義より

$$=\dfrac{\sqrt{6}}{\frac{\sqrt{3}}{2}}$$

$$=2\sqrt{2}$$

以上より、$\therefore BC=\sqrt{2}+\sqrt{6}$ ， $CA=2\sqrt{2}$

（別解）　※中学数学で学習した「特別な直角三角形の辺の比」を用いた解法

　　　　A から BC に垂線を下ろし、その足を D とする。

△ ABD は直角二等辺三角形であるから、

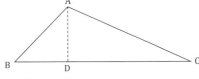

$AB : BD = \sqrt{2} : 1$

$2 : BD = \sqrt{2} : 1$

これより、$BD = \dfrac{2}{\sqrt{2}} = \sqrt{2}$　……　①

また、$AD = BD = \sqrt{2}$　……　②

△ ACD は内角が $30°$ $60°$ $90°$ の直角三角形であるから、②より

$AD : CD = 1 : \sqrt{3}$

$\sqrt{2} : CD = 1 : \sqrt{3}$

これより、$CD = \sqrt{6}$　……　③

また、$AD : CA = 1 : 2$ より

$CA = 2\sqrt{2}$

よって、①，③より　　$BC = BD + CD = \sqrt{2} + \sqrt{6}$ ，　$CA = 2\sqrt{2}$

【一言アドバイス】

どちらの解法も実質的には変わりませんが、手早く暗算で求めるならば
別解の方が速いかも知れません。
また、正弦定理と余弦定理を用いても解けますが、上の2通りの解法の方が速く解
けそうです。

（問題2）

次の三角比を、それぞれ $0°$ 以上　$45°$ 以下の角の三角比で表せ。

　　(1) $\sin 110°$　　　　(2) $\cos 154°$　　　　(3) $\tan 170°$

解答：　(1) $\sin 110°$　　　　(2) $\cos 154°$　　　　(3) $\tan 170°$

　　　　$= \sin(180° - 70°)$　　$= \cos(180° - 26°)$　　$= \tan(180° - 10°)$

　　　　$= \sin 70°$　　　　　　$= -\cos 26°$　　　　　$= -\tan 10°$

　　　　$= \sin(90° - 20°)$

　　　　$= \cos 20°$

（問題3）

等式　$b\sin^2 A + a\cos^2 B = a$ を満たす △ ABC はどのような三角形か。

解答 ： △ABC の外接円の半径を R とする。

$$\cos^2 B = 1 - \sin^2 B$$

与えられた等式に代入すると、 $b\sin^2 A + a(1 - \sin^2 B) = a$

$$b\sin^2 A - a\sin^2 B = 0 \quad \cdots\cdots ①$$

正弦定理より、$\sin A = \dfrac{a}{2R}$, $\sin B = \dfrac{b}{2R}$

①にそれぞれ代入すると、

$$b\left(\dfrac{a}{2R}\right)^2 - a\left(\dfrac{b}{2R}\right)^2 = 0$$

$$\dfrac{a^2 b - ab^2}{4R^2} = 0$$

$$\dfrac{a}{\sin A} = 2R$$
$$a = 2R\sin A$$
$$\sin A = \dfrac{a}{2R}$$

両辺に $4R^2$ をかけると

$$a^2 b - ab^2 = 0$$

$a > 0, \quad b > 0$ より

$ab(a - b) = 0$ $ab > 0$ であるから、$a = b$

よって、 △ABC は BC=AC の二等辺三角形である。

(問題4)

半径 6 の球の体積と表面積を求めよ。

解答 ： $V = \dfrac{4\pi \times 6^3}{3}$ $\qquad S = 4\pi \times 6^2$

$\qquad\qquad = 288\pi \qquad\qquad\qquad = 144\pi \qquad\qquad\therefore$ 体積 288π、 表面積 144π

(問題5)

平行四辺形 ABCD の辺 AB の中点を P、辺 BC 上を 3：2 に内分する点を Q とし、対角線 AC と DP，DQ の交点をそれぞれ R，S とする。次の図形の面積比を求めよ。

(1) △APR：△CDR (2) △DRS：平行四辺形 ABCD

解答 ： (1) △APR ∽△CDR より

相似比 AP：CD ＝ 1：2

よって、$\therefore$ △APR：△CDR ＝ $1^2 : 2^2$

＝ 1：4

(2)　△ASD ∽ △CSQ より

相似比　AD : CQ = AS : CS = 5 : 2

これより　AC : CS = 7 : 2 ⟨ AC=AS+CS なので ⟩

よって、　$CS = \dfrac{2}{7} AC$ ……　①

△APR ∽ △CDR より

相似比　AP : CD = AR : CR = 1 : 2

これより、AR : AC = 1 : 3 ⟨ AC=AR+CR なので ⟩

よって、　$AR = \dfrac{1}{3} AC$ ……　②

①、②より

$$RS = AC - CS - AR$$

$$= AC - \dfrac{2}{7} AC - \dfrac{1}{3} AC$$

$$= \left(1 - \dfrac{2}{7} - \dfrac{1}{3}\right) AC$$

$$= \dfrac{21 - 6 - 7}{21} AC$$

$$= \dfrac{8}{21} AC$$

⟨ 高さ（D から AC に下ろした垂線の長さ）が共通なので ⟩

これより、△DRS : △DAC = RS : AC = 8 : 21

ゆえに、△DRS : 平行四辺形 ABCD = △DRS : △DAC × 2 = 4 : 21

∴ △DRS : 平行四辺形 ABCD = 4 : 21

（問題6）

解答：

θ	$0°$	$30°$	$45°$	$60°$	$90°$	$120°$	$135°$	$150°$	$180°$
$\sin\theta$	0	$\dfrac{1}{2}$	$\dfrac{1}{\sqrt{2}}$	$\dfrac{\sqrt{3}}{2}$	1	$\dfrac{\sqrt{3}}{2}$	$\dfrac{1}{\sqrt{2}}$	$\dfrac{1}{2}$	0
$\cos\theta$	1	$\dfrac{\sqrt{3}}{2}$	$\dfrac{1}{\sqrt{2}}$	$\dfrac{1}{2}$	0	$-\dfrac{1}{2}$	$-\dfrac{1}{\sqrt{2}}$	$-\dfrac{\sqrt{3}}{2}$	-1
$\tan\theta$	0	$\dfrac{1}{\sqrt{3}}$	1	$\sqrt{3}$	$×$	$-\sqrt{3}$	-1	$-\dfrac{1}{\sqrt{3}}$	0

(問題7)

　△ABC において、B = 45°,　BC = $3\sqrt{2}$, CA = $2\sqrt{3}$　のとき、AB と $\sin C$ を求めよ。

解答：　余弦定理より、$(2\sqrt{3})^2 = (3\sqrt{2})^2 + (\text{AB})^2 - 2 \times 3\sqrt{2} \times \text{AB} \times \cos 45°$

$$12 = 18 + (\text{AB})^2 - 6\sqrt{2} \times \text{AB} \times \frac{\sqrt{2}}{2}$$

$$(\text{AB})^2 - 6\text{AB} + 6 = 0$$

x の係数が偶数のとき の解の公式から

$$\text{AB} = 3 \pm \sqrt{3^2 - 1 \times 6} = 3 \pm \sqrt{3} \quad \therefore \text{AB} = 3 \pm \sqrt{3}$$

　　　正弦定理より、　　$\dfrac{3 \pm \sqrt{3}}{\sin C} = \dfrac{2\sqrt{3}}{\sin 45°}$

$$2\sqrt{3}\,\sin C = \frac{\sqrt{2}}{2}\,(3 \pm \sqrt{3})$$

$$\sin C = \frac{\sqrt{2}}{4\sqrt{3}}\,(3 \pm \sqrt{3})$$

$$= \frac{\sqrt{2}}{4\sqrt{3}} \cdot \sqrt{3}\,(\sqrt{3} \pm 1)$$

$$= \frac{\sqrt{2}}{4}\,(\sqrt{3} \pm 1)$$

$$= \frac{\sqrt{6} \pm \sqrt{2}}{4}$$

よって、AB = $3 + \sqrt{3}$ のとき $\sin C = \dfrac{\sqrt{6} + \sqrt{2}}{4}$,

　　　　 AB = $3 - \sqrt{3}$ のとき $\sin C = \dfrac{\sqrt{6} - \sqrt{2}}{4}$

(問題8)

　$\tan \theta = -3$ のとき, $\sin \theta$, $\cos \theta$ の値を求めよ。ただし、$0° \leq \theta \leq 180°$ とする。

解答：　$1 + \tan^2 \theta = \dfrac{1}{\cos^2 \theta}$ より

$$1 + (-3)^2 = \frac{1}{\cos^2 \theta}$$

$$\cos^2 \theta = \frac{1}{10} \quad 0° \leq \theta \leq 180° \text{ で、} \tan \theta < 0 \text{ より} \quad \cos \theta = -\frac{1}{\sqrt{10}}$$

$$\tan \theta = \frac{\sin \theta}{\cos \theta} \text{ より}$$

$$\sin \theta = \tan \theta \ \cos \theta$$

$$= -3 \times \left(-\frac{1}{\sqrt{10}} \right)$$

$$= \frac{3}{\sqrt{10}} \qquad \therefore \cos \theta = -\frac{1}{\sqrt{10}} \ , \ \sin \theta = \frac{3}{\sqrt{10}}$$

（問題９）

$\cos \theta = -\dfrac{3}{5}$ のとき、$\sin \theta$ の値を求めよ。ただし、$0° \leq \theta \leq 180°$ とする。

解答 ：
$$\sin^2 \theta = 1 - \cos^2 \theta$$

$$= 1 - \left(-\frac{3}{5} \right)^2$$

$$= \frac{16}{25}$$

$$0° \leq \theta \leq 180° \text{ より、} \quad \sin \theta > 0$$

$$\text{よって、} \quad \therefore \ \sin \theta = \frac{4}{5}$$

（問題 10)

$\cos \theta = -\dfrac{1}{3}$ のとき，$\tan \theta$ の値を求めよ。ただし、$0° \leq \theta \leq 180°$ とする。

解答 ：
$$1 + \tan^2 \theta = \frac{1}{\cos^2 \theta} \text{ より}$$

$$1 + \tan^2 \theta = \frac{1}{\left(-\frac{1}{3} \right)^2}$$

$$1 + \tan^2 \theta = 9$$

$$\tan^2 \theta = 9 - 1 = 8$$

$$0° \leq \theta \leq 180° \text{ で、} \cos \theta < 0 \text{ より} \qquad \therefore \tan \theta = -2\sqrt{2}$$

（問題 11）

3 辺の長さが 4, 13, 15 であるような三角形の面積と内接円の半径を求めよ。

解答 ： 長さが 15 である辺の対角を θ とする。

余弦定理より $15^2 = 4^2 + 13^2 - 2 \times 4 \times 13 \times \cos\theta$

$$225 = 16 + 169 - 104\cos\theta$$

$$104\cos\theta = -40$$

$$\cos\theta = -\frac{40}{104} = -\frac{5}{13}$$

$\sin\theta > 0$ より $\sin\theta = \sqrt{1 - \left(-\frac{5}{13}\right)^2} = \frac{12}{13}$ ⟵ $\sin^2\theta + \cos^2\theta = 1$ より

よって、求める面積は、$\frac{1}{2} \times 4 \times 13 \times \frac{12}{13} = 24$

三角形の面積の公式
$S = \frac{1}{2}ab\sin C$

内接円の半径を r とすると、

$S = \frac{1}{2}r(a + b + c)$ の公式より、

$$24 = \frac{1}{2}r(4 + 13 + 15)$$

$$16r = 24$$

$$r = \frac{24}{16} = \frac{3}{2}$$

∴ 面積 24, 半径 $\frac{3}{2}$

【一言アドバイス】

面積についてはヘロンの公式で求めてもよいです。

（問題 12）

△ ABC において、AB=4, CA=5, ∠ BAC=120°, ∠ BAC の二等分線と辺 BC の交点を D とする。このとき、AD の長さを求めよ。

解答 ： △ ABC の面積を S, △ ABD の面積を S_1, △ ACD の面積を S_2 とする。

$$S = \frac{1}{2} \times 4 \times 5 \times \sin 120° = 5\sqrt{3}$$

$$S_1 = \frac{1}{2} \times 4 \times AD \times \sin 60° = \sqrt{3}\,AD$$

$$S_2 = \frac{1}{2} \times 5 \times \text{AD} \times \sin 60° = \frac{5\sqrt{3}}{4}\,\text{AD}$$

$S = S_1 + S_2$ より、$5\sqrt{3} = \sqrt{3}\,\text{AD} + \dfrac{5\sqrt{3}}{4}\,\text{AD}$

$$\frac{9}{4}\text{AD}=5 \qquad \therefore \text{AD}= \frac{20}{9}$$

【一言アドバイス】

実際には、面積の公式の $\dfrac{1}{2}$ と $\sin 120°\,(=\sin 60°)$ が 3 つの面積の式に出てくるので初めから省略して、$4 \times 5 = 4\text{AD} + 5\text{AD}$ ともっと簡単な方程式で AD を求めることもできます。

（問題 13）

3 辺の長さが 3, 5, x である三角形が鋭角三角形となるように、x の範囲を定めよ。

解答： 三角形になるための条件から、

$$\begin{cases} 3 + 5 > x \\ 3 + x > 5 \\ 5 + x > 3 \end{cases}$$ これを解いて、 $2 < x < 8$ ……①

> または
> $|3 - 5| < x < 3 + 5$
> $2 < x < 8$

最大辺の対角を θ とすると $0° < \theta < 90°$ なので、$\cos \theta > 0$ である。

> 鋭角三角形なので

ⅰ．最大辺が 5、すなわち $x \leq 5$ のとき、余弦定理より

$$\cos \theta = \frac{3^2 + x^2 - 5^2}{2 \times 3 \times x} > 0$$

$$\frac{x^2 - 16}{6x} > 0$$

$6x > 0$ であるから $x^2 - 16 > 0$

これを解いて、 $x < -4$, $4 < x$

$x \leq 5$ と①より、 $4 < x \leq 5$

ⅱ．最大辺が x、すなわち $x \geq 5$ のとき、余弦定理より

$$\cos \theta = \frac{3^2 + 5^2 - x^2}{2 \times 3 \times 5} > 0$$

$$\frac{34-x^2}{30} > 0$$

両辺に−30をかけた

$$x^2 - 34 < 0$$

これを解いて、　$-\sqrt{34} < x < \sqrt{34}$

$x \geq 5$ と ① より、　$5 \leq x < \sqrt{34}$

ⅰ．ⅱ．より、　$\therefore 4 < x < \sqrt{34}$

【一言アドバイス】

正の数 a, b, c が三角形の 3 辺になるための条件は、$|a-b| < c < a+b$ と簡潔に表せますが、この式からだと、「三角形の 2 辺の長さの和は、他の 1 辺の長さより大きい」ことと関連付けられない人もいると思い、ここでは使いませんでした。

ちなみに、この公式を使えば、$|5-3| < x < 5+3 \Leftrightarrow 2 < x < 8$ と、すぐに x の範囲を求めることができます。

(問題 14)

△ABC において、$a = 5$, $b = 7$, $c = 8$ とするとき、面積 S を求めよ。

解答：　$s = \dfrac{5+7+8}{2} = 10$ とおく。

ヘロンの公式より

$$S = \sqrt{s(s-a)(s-b)(s-c)}$$
$$= \sqrt{10(10-5)(10-7)(10-8)}$$
$$= \sqrt{10 \cdot 5 \cdot 3 \cdot 2}$$
$$= \sqrt{10 \cdot 10 \cdot 3}$$
$$= 10\sqrt{3} \qquad \therefore 10\sqrt{3}$$

(問題 15)

△ABC の辺 AB, 辺 BC, 辺 CA をそれぞれ 3：1,　2：9,　3：2 に内分する点を P, Q, R とするとき、△APQ と △CRQ の面積比を求めよ。

解答：　△ABC の面積を S,　△APQ の面積を S_1,

△ CRQ の面積を S_2 とする。

また、△ ABQ の面積を T_1,

△ ACQ の面積を T_2

とする。

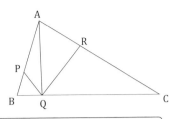

BQ : QC = 2 : 9 より $T_1 : S = 2 : 11$

$$T_1 = \frac{2}{11} S \quad \cdots\cdots \text{①}$$

> 高さが共通なので
> (A から BC に下ろした垂線の長さ)

AP : PB = 3 : 1 より $S_1 : T_1 = 3 : 4$

$$S_1 = \frac{3}{4} T_1 \quad \cdots\cdots \text{②}$$

> 高さが共通なので
> (Q から AB に下ろした垂線の長さ)

①, ②より $S_1 = \dfrac{3}{4} \times \dfrac{2}{11} S = \dfrac{3}{22} S \quad \cdots\cdots \text{③}$

同様に BQ : QC = 2 : 9 と CR : RA = 3 : 2 より

$$S_2 = \frac{3}{5} T_2 = \frac{3}{5} \times \frac{9}{11} S = \frac{27}{55} S \quad \cdots\cdots \text{④}$$

よって、③, ④より、$S_1 : S_2 = \dfrac{3}{22} S : \dfrac{27}{55} S = 5 : 18 \qquad \therefore 5 : 18$

(問題 16)

1 辺が 5 の正三角形の外接円の半径を、正弦定理を用いずに重心を利用して求めよ。

解答： 正三角形を△ ABC、重心を G、

直線 AG と辺 BC の交点を H とする。(AH は中線)

正三角形では外心と重心は一致するので、

外接円の半径は線分 AG の長さと等しい。

△ ABH は∠ H = 90°の直角三角形であり、

∠ B = 60°であるから

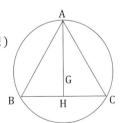

$$\text{AB} : \text{AH} = 2 : \sqrt{3} \text{ より、} 5 : \text{AH} = 2 : \sqrt{3}$$

$$\text{AH} = \frac{5\sqrt{3}}{2}$$

> $\sin 60° = \dfrac{\text{AH}}{\text{AB}}$ より
> $\text{AH} = \text{AB} \sin 60°$
> $= 5 \cdot \dfrac{\sqrt{3}}{2}$ としてもよい

重心は中線 AH を 2 : 1 に分ける点なので

$$\text{AG} = \frac{2}{3} \text{AH}$$

$$= \frac{2}{3} \times \frac{5\sqrt{3}}{2} = \frac{5\sqrt{3}}{3} \qquad \therefore \text{外接円の半径は } \frac{5\sqrt{3}}{3}$$

【一言アドバイス】

この問題では正弦定理を用いる方が速く解けるかとも思いますが、
正三角形では四心が一致することを確認してもらうために、
重心を使って外接円の半径を求めてみました。

(問題 17)

底面の半径が 2，母線 (OA) が 3 の直円錐がある。
この直円錐の頂点を O，底面の直径の両端を A，B
とし、線分 OB の中点を C とするとき、
側面上で A から C に至る最短距離を求めよ。

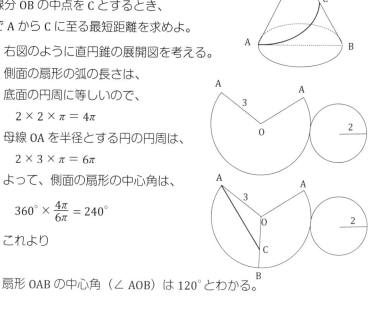

解答： 右図のように直円錐の展開図を考える。

側面の扇形の弧の長さは、
底面の円周に等しいので、

$$2 \times 2 \times \pi = 4\pi$$

母線 OA を半径とする円の円周は、

$$2 \times 3 \times \pi = 6\pi$$

よって、側面の扇形の中心角は、

$$360° \times \frac{4\pi}{6\pi} = 240°$$

これより

扇形 OAB の中心角（∠AOB）は 120° とわかる。

A から C に至る最短距離は展開図の線分 AC の長さなので、

△ OAC に余弦定理を用いて、

$$AC^2 = OA^2 + OC^2 - 2 \times OA \times OC \times \cos \angle AOB$$

$$= 3^2 + \left(\frac{3}{2}\right)^2 - 2 \times 3 \times \frac{3}{2} \times \cos 120°$$

$$= \frac{45}{4} + \frac{9}{2}$$

$$= \frac{63}{4}$$

AC >0 であるから、 $AC = \frac{3\sqrt{7}}{2}$ $\quad \therefore \ AC = \frac{3\sqrt{7}}{2}$

【一言アドバイス】

> 側面の扇形の中心角は、弧の長さが 4π であることから、
>
> 三角関数で学習する扇形の弧の長さの公式（$l = r\theta$）を用いると
>
> $4\pi = 3\theta$ となり、これより $\theta = \frac{4\pi}{3}$ （ラジアン）$= 240°$ と求める
>
> こともできます。

(問題 18)

右図のように半径 3 と 5 の円が外接して

いる。2 つの円の中心をそれぞれ A，B とし、

2 つの円の共通接線との接点をそれぞれ、

P，Q とするとき、線分 PQ の長さを求めよ。

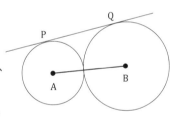

解答： AP，BQ は接線と垂直であるから、

A から BQ に垂線を引きその足を C

とすると、四角形 PACQ は長方形に

なるので、PQ = AC である。△ ABC

において、

三平方の定理より、$AC^2 = AB^2 - BC^2$

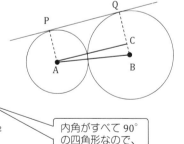

> 内角がすべて 90°
> の四角形なので、

$$= (3+5)^2 - (5-3)^2$$

$$= 64 - 4$$

$$= 60 \quad \text{よって、} \ \therefore PQ = 2\sqrt{15}$$

（問題 19）

$\cos x = \dfrac{13}{17}$ のとき、$\sin x$ の値を求めよ。ただし、$0° \leqq x \leqq 180°$ とする。

解答： $\sin^2 x = 1 - \cos^2 x$

$$= 1 - \left(\frac{13}{17}\right)^2$$

$$= \frac{17^2 - 13^2}{17^2} \qquad \boxed{1 = \frac{17^2}{17^2}}$$

$$= \frac{(17-13)(17+13)}{17^2} \qquad \boxed{A^2 - B^2 = (A-B)(A+B)}$$

$$= \frac{4 \cdot 30}{17^2}$$

$0° \leqq x \leqq 180°$ より $\sin x > 0$

よって $\therefore \sin x = \dfrac{2\sqrt{30}}{17}$

（問題 20）

上面の半径が 2， 底面の半径が 3，
高さが 2 の円錐台の体積を求めよ。

解答： 右図のように、円錐台は円錐を底面に平行な平面で
切断してできる立体であるから、元の円錐と
円錐台の上にある円錐は相似である。
元の円錐を P、上の円錐を Q とする。
P と Q の相似比は、3：2 であるから、
P の高さを h とすると、$h:(h-2) = 3:2$
これより、$h = 6$

よって、P の体積は $\dfrac{1}{3} \times (3^2 \times \pi) \times h = 3\pi \times 6 = 18\pi$

またPとQの相似比から、PとQの体積比は

$$3^3 : 2^3 = 27 : 8$$

Pと円錐台の体積比は、

$$27 : (27 - 8) = 27 : 19$$

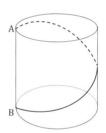

$\dfrac{1}{3}(2^2\pi)(6-2) = \dfrac{16}{3}\pi$ と Qの体積を具体的に求めて、 Pから引いてもよい

よって、円錐台の体積は $\dfrac{19}{27} \times 18\pi = \dfrac{38\pi}{3}$ $\qquad \therefore \dfrac{38\pi}{3}$

【一言アドバイス】

ちなみに上面の半径が r_1 , 底面の半径が r_2 , 高さが h の円錐台の体積は、
$\dfrac{\pi h}{3}\left(r_1{}^2 + r_1 r_2 + r_2{}^2\right)$ で求められますが、特に覚えなくてもよい公式です。

（問題21）

底面の半径が 3，高さが 3π の直円柱に
右の図のように
側面に沿って点 A と点 B を糸でつなぐ。
このとき、糸の長さの最小値を求めよ。

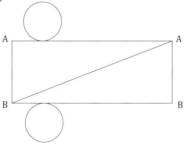

解答： 側面を線分 AB で切った展開図を考えると
右図の長方形の対角線の長さが
求める最小値である。
長方形の横の長さは、
底面の円周に等しいので、

$$2 \times 3\pi = 6\pi$$

よって、三平方の定理より

$$AB^2 = (6\pi)^2 + (3\pi)^2$$
$$= 36\pi^2 + 9\pi^2$$
$$= 45\pi^2$$

AB > 0 より $\qquad\qquad \therefore 3\sqrt{5}\,\pi$

(問題 22)

右図において、O は円の中心である。

∠CBD=40°、 ∠EBD=30° とするとき、

∠BED と ∠BDC の値を求めよ。

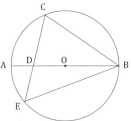

解答： 点 A と点 C を結ぶ線を引くと、

線分 AB は直径であるから、∠ACB=90°

△ABC において

∠BAC=180°−∠ACB−∠CBA(D)

=180°−90°−40°

=50°

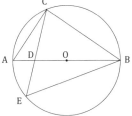

弧 BC に対する円周角は等しいので、

∠BED=∠BAC=50°　　∴∠BED=50°

また△BDE において、

∠BDC=∠BED+∠EBD

=50°+30°

=80°　　　　　∴∠BDC=80°

(問題 23)

直線 $y=\dfrac{1}{2}x$ 上の点と、直線 $y=\dfrac{1}{2}x+3$ 上の点を結ぶ

線分の長さの最小値を求めよ。

解答： 求める線分の長さの最小値は、平行な 2 直線の距離である。

点 (0，3) を A とおき、A から $y=\dfrac{1}{2}x$ に引いた垂線の足を

H とする。

また $y=\dfrac{1}{2}x$ と x 軸の正の方向とのなす角を

θ とすると、∠OAH $=\theta$　が成り立つ。

$\tan\theta=\dfrac{1}{2}$　（傾き）　であるから

$1 + \tan^2 \theta = \dfrac{1}{\cos^2 \theta}$ より

$1 + \left(\dfrac{1}{2}\right)^2 = \dfrac{1}{\cos^2 \theta}$

$\cos^2 \theta = \dfrac{4}{5}$　　$0° < \theta < 90°$ より、$\cos \theta = \dfrac{2}{\sqrt{5}}$

$\triangle$ OAH において、$\cos \theta = \dfrac{AH}{OA}$ なので、

$\dfrac{2}{\sqrt{5}} = \dfrac{AH}{3}$

これを解いて、$AH = \dfrac{6\sqrt{5}}{5}$　　　$\therefore \dfrac{6\sqrt{5}}{5}$

（別解）　※数Ⅱの「点と直線の距離の公式」を利用した解法

$y = \dfrac{1}{2}x$ 上の任意の点は、実数 t を用いて、$\left(t, \dfrac{1}{2}t\right)$ と表せる。

この点と $y = \dfrac{1}{2}x + 3$ との距離が、求めたい線分の長さの最小

値であるから、点と直線の距離の公式より、

$d = \dfrac{|t - 2 \times \frac{1}{2}t + 6|}{\sqrt{1^2 + (-2)^2}}$

$= \dfrac{|6|}{\sqrt{5}}$

$= \dfrac{6\sqrt{5}}{5}$　　　　$\therefore \dfrac{6\sqrt{5}}{5}$

【一言アドバイス】

手っ取り早く答えを求めるだけならば、「原点と $y = \dfrac{1}{2}x + 3$」や

「点 $(0, 3)$ と $y = \dfrac{1}{2}x$」との距離を計算してもよいです。

§整式・有理数・絶対値・一次不等式など（詳解）

（問題24）

xの方程式　$mx^2 - 2(m+3)x + m + 10 = 0$　が実数の解をもつような負でない整数mをすべて求めよ。

解答：　ⅰ．　$m = 0$のとき、$-6x + 10 = 0$より $x = \dfrac{5}{3}$ なので実数の解を持つ。

ⅱ．　$m \neq 0$のとき、判別式 $\dfrac{D}{4} = (m+3)^2 - m(m+10)$

> 実数の解をもつとき
> 判別式 $D \geq 0$, $\dfrac{D}{4} \geq 0$

$= -4m + 9 \geq 0$

$m \leq \dfrac{9}{4}$　(2.25)　……　①

$m \neq 0$であり、またmは負でない整数であるから、

①より　$m = 1, 2$

よってⅰ．ⅱ．より　　$\therefore m = 0, 1, 2$

（問題25）

bを実数とするとき、xの不等式　$bx - 5 < 0$　を解け。

解答：　$bx < 5$より

$b > 0$のとき、両辺をbで割ると

$$x < \dfrac{5}{b}$$

$b < 0$のとき、両辺をbで割ると

$$x > \dfrac{5}{b}$$

> $a < b$とする。
> $c < 0$のとき $ac > bc$, $\dfrac{a}{c} > \dfrac{b}{c}$

$b = 0$のとき、$-5 < 0$　これはxの値に関わらず成り立つ。

$\therefore b > 0$のとき、$x < \dfrac{5}{b}$, $b < 0$のとき、$x > \dfrac{5}{b}$

$b = 0$のとき、全ての実数

（問題 26）

整式　$3x^2y + 5xy^3 - 4x + 6x^2 - 3y + 7xy - 3$ を x について降べきの順に整理せよ。

解答：　$3x^2y + 5xy^3 - 4x + 6x^2 - 3y + 7xy - 3$

$= 3x^2y + 6x^2 + 5xy^3 + 7xy - 4x - 3y - 3$

$= (3y + 6)\, x^2 + (5y^3 + 7y - 4)\, x - (3y + 3)$

（ $3\,(y + 2)\,x^2 + (5y^3 + 7y - 4)\,x - 3\,(y + 1)$　でもよい。）

（問題 27）

$4x^2 - 36y^2$ を因数分解せよ。

解答：　$4x^2 - 36y^2$

$= 4\,(x^2 - 9y^2)$

$= 4\,(x + 3y)\,(x - 3y)$ ⟵ $A^2 - B^2 = (A + B)\,(A - B)$

（問題 28）

$a^3 + b^3 + c^3 - 3abc$ を因数分解せよ。

解答：　$a^3 + b^3 + c^3 - 3abc$

$= (a + b)^3 - 3a^2b - 3ab^2 + c^3 - 3abc$ ⟵ $(a+b)^3 = a^3 + 3a^2b + 3ab^2 + b^3$ より　$a^3 + b^3 = (a+b)^3 - 3a^2b - 3ab^2$

$= (a + b)^3 + c^3 - 3ab\,(a + b + c)$ ⟵ $A^3 + B^3 = (A+B)\,(A^2 - AB + B^2)$

$= \{(a + b) + c\}\,\{(a + b)^2 - (a + b)\,c + c^2\} - 3ab\,(a + b + c)$

$= (a + b + c)\,\{(a + b)^2 - (a + b)c + c^2 - 3ab\}$

$= (a + b + c)\,(a^2 + b^2 + c^2 - ab - bc - ca)$ ⟵ $(a+b)^2 = a^2 + 2ab + b^2$

（問題 29）

次の式を因数分解せよ。

(1) $x^4 - 5x^2 + 4$　　　　(2) $x^4 - 7x^2 + 9$

解答：　(1) $x^4 - 5x^2 + 4$

$= (x^2 - 4)\,(x^2 - 1)$

$= (x + 2)\,(x - 2)\,(x + 1)\,(x - 1)$ ⟵ $A^2 - B^2 = (A + B)\,(A - B)$

(2) $x^4 - 7x^2 + 9$

$\quad = (x^4 - 6x^2 + 3^2) - x^2$ $a^2 - 2ab + b^2 = (a-b)^2$

$\quad = (x^2 - 3)^2 - x^2$

$\quad = \{(x^2 - 3) + x\}\{(x^2 - 3) - x\}$ $A^2 - B^2 = (A+B)(A-B)$

$\quad = (x^2 + x - 3)(x^2 - x - 3)$

(問題 31)

x の方程式 $\dfrac{5}{3} = \dfrac{5x}{x+8}$ を解け。

解答：　$5(x+8) = 15x$

$\qquad 5x + 40 = 15x$

$\qquad -10x = -40 \qquad\qquad \therefore x = 4$

(問題 32)

$\sqrt{6}$ が無理数ならば、$\sqrt{2} + 2\sqrt{3}$ も無理数であることを示せ。

解答：　$\sqrt{2} + 2\sqrt{3}$ を有理数であると仮定すると、 $\boxed{\text{背理法で証明}}$

$\quad p$ を有理数とし、$\sqrt{2} + 2\sqrt{3} = p$ とおける。

　この式の両辺を 2 乗して変形すると

$\qquad (\sqrt{2} + 2\sqrt{3})^2 = p^2$

$\qquad 14 + 4\sqrt{6} = p^2$

$\qquad 4\sqrt{6} = p^2 - 14$

$\qquad \sqrt{6} = \dfrac{p^2 - 14}{4}$ $\boxed{\begin{array}{l}\text{有理数の四則演算は}\\\text{答えも有理数}\end{array}}$

$\quad p$ が有理数ならば $\dfrac{p^2 - 14}{4}$ も有理数であるから、

　この等式は $\sqrt{6}$ が無理数であることに矛盾する。

　したがって、$\sqrt{2} + 2\sqrt{3}$ は無理数である。

（問題 33）

次の数の中から無理数を選べ。

$$-\sqrt{9}\,, \quad 3\pi-3, \quad 2\sqrt{2}\,, \quad -5\sqrt{5}+5\sqrt{5}\,, \quad -7\pi+6\sqrt{7}\,, \quad \sqrt{3}^{\,2}$$

解答： $-\sqrt{9}=-3$, $\sqrt{3}^{\,2}=3$, $-5\sqrt{5}+5\sqrt{5}=0$ であるから、この
3 数は有理数。

よって、無理数は $3\pi-3$, $2\sqrt{2}\,$, $-7\pi+6\sqrt{7}$

（問題 34）

$\triangle$ ABC において、AB $=5$，BC $=\sqrt{61}\,$，CA $=4$ とする。

BC 上に CD $=\dfrac{4\sqrt{61}}{9}$ となる点 D をとるとき、

$\cos C$ と AD を求めよ。

解答： $\triangle$ ABC に余弦定理を用いると

$$\cos C=\frac{4^2+\sqrt{61}^{\,2}-5^2}{2\cdot4\cdot\sqrt{61}}$$

$$=\frac{16+61-25}{8\sqrt{61}}$$

$$=\frac{13}{2\sqrt{61}}=\frac{13\sqrt{61}}{122} \qquad \therefore \ \cos C=\frac{13\sqrt{61}}{122}$$

$\triangle$ ADC に余弦定理を用いて

$$AD^2=4^2+\left(\frac{4\sqrt{61}}{9}\right)^2-2\times4\times\frac{4\sqrt{61}}{9}\times\frac{13}{2\sqrt{61}}$$

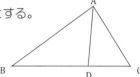

有理化していない $\cos C$

$$=16+\frac{16\cdot61}{81}-\frac{16\cdot13}{9}$$

16 でくくるためかけ算の形のままにしておく。

$$=16\left(1+\frac{61}{81}-\frac{13}{9}\right)$$

$$=16\cdot\frac{81+61-117}{81}$$

$16=4^2$, $25=5^2$
$81=9^2$

$$=\frac{16\cdot25}{81} \qquad AD>0 \ より \qquad \therefore \ AD=\frac{20}{9}$$

AB : AC = 5 : 4 また BD : CD = $\dfrac{5\sqrt{61}}{9}$: $\dfrac{4\sqrt{61}}{9}$ = 5 : 4 より AB : AC = BD : CD が成り立つので、AD は∠ A の二等分線になります（平面図形の単元で学習する定理）。

更に余弦定理から∠ A=120° とわかるので、心得 12 を使えば、簡単に AD を求めることもできます。

(問題 35)

次の式の二重根号をはずして簡単にせよ。

(1) $\sqrt{10-\sqrt{84}}$ 　　　　　(2) $\sqrt{3-\sqrt{5}}$

解答 :

$$\sqrt{10-\sqrt{84}}$$
$$=\sqrt{10-2\sqrt{21}}$$
$$=\sqrt{7}-\sqrt{3}$$

$$\sqrt{3-\sqrt{5}}$$
$$=\sqrt{\dfrac{6-2\sqrt{5}}{2}}$$
$$=\dfrac{\sqrt{6-2\sqrt{5}}}{\sqrt{2}}$$ ← 分子に二重根号の公式を使う
$$=\dfrac{\sqrt{5}-\sqrt{1}}{\sqrt{2}}$$
$$=\dfrac{\sqrt{10}-\sqrt{2}}{2}$$ ← 分母を有理化

(問題 36)

$x+\dfrac{1}{x}=3$ のとき、次の式の値を求めよ。

(1) $x^2+\dfrac{1}{x^2}$ 　　　　　(2) $x^3+\dfrac{1}{x^3}$

解答 :

(1) $x^2+\dfrac{1}{x^2}$
$$=\left(x+\dfrac{1}{x}\right)^2-2x\times\dfrac{1}{x}$$
$$=3^2-2$$
$$=7$$

$a^2+b^2=(a+b)^2-2ab$

(2) $x^3+\dfrac{1}{x^3}$
$$=\left(x+\dfrac{1}{x}\right)\left(x^2-x\times\dfrac{1}{x}+\dfrac{1}{x^2}\right)$$
$$=3(7-1)$$
$$=18$$

（問題 37）

次の方程式、不等式を解け。

　　(1)　$2|3x-1|=4$　　　　(2)　$-|x+5|+6>2$

解答：　(1)　$2|3x-1|=4$　　　　(2)　$-|x+5|+6>2$

$\qquad\qquad |3x-1|=2$　　　　　　$-|x+5|>-4$

$\qquad\qquad 3x-1=\pm2$　　　　　　$|x+5|<4$

$\qquad\qquad 3x=\pm2+1$　　　　　$-4<x+5<4$　$\longleftarrow$　各辺-5

$\qquad\qquad 3x=3,\ -1$　　　　　$\therefore\ -9<x<-1$

$\qquad\qquad \therefore\ x=1,\ -\dfrac{1}{3}$

（問題 38）

不等式　$3|x-2|-2|x|<2$ を解け。

解答：　ⅰ．$x<0$ のとき、$-3(x-2)+2x<2$　$\longleftarrow$　$|x-2|=-(x-2),\ |x|=-x$

$\qquad\qquad -x<-4$

$\qquad\qquad x>4$　　　　　これは $x<0$　を満たさない。

　　　　ⅱ．$0\le x<2$ のとき、$-3(x-2)-2x<2$

$\qquad\qquad -5x<-4$　　　　　　　$\longleftarrow$　$|x-2|=-(x-2),\ |x|=x$

$\qquad\qquad x>\dfrac{4}{5}$　　　　$0\le x<2$ より　$\dfrac{4}{5}<x<2$　……　①

　　　　ⅲ．$2\le x$ のとき、$3(x-2)-2x<2$　$\longleftarrow$　$|x-2|=(x-2),\ |x|=x$

$\qquad\qquad x<8$　　　　　　$2\le x$ より　$2\le x<8$　……　②

$\qquad\qquad$①，　②より、$\therefore\ \dfrac{4}{5}<x<8$

（問題 39）

$0<x<3$ のとき、$2\sqrt{x^2}+3\sqrt{x^2+2x+1}\ -2\sqrt{x^2-6x+9}$ を
簡単にせよ。

解答： $2\sqrt{x^2} + 3\sqrt{x^2 + 2x + 1} - 2\sqrt{x^2 - 6x + 9}$

$= 2|x| + 3\sqrt{(x+1)^2} - 2\sqrt{(x-3)^2}$

$= 2|x| + 3|x+1| - 2|x-3|$

$= 2x + 3(x+1) + 2(x-3)$

$= 7x - 3$

> $0 < x < 3$ より
> $|x| = x$,
> $|x+1| = x+1$,
> $|x-3| = -(x-3)$

(問題 40)

x についての不等式 $7x - 6 \leq x - 5 \leq 3x + k + 1$ を満たす整数の個数が 6 個であるように、定数 k の値の範囲を定めよ。

解答： $7x - 6 \leq x - 5 \leq 3x + k + 1$

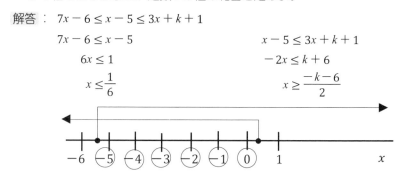

$7x - 6 \leq x - 5$ 　　　　　　　　　 $x - 5 \leq 3x + k + 1$

$6x \leq 1$ 　　　　　　　　　　　　 $-2x \leq k + 6$

$x \leq \dfrac{1}{6}$ 　　　　　　　　　　　 $x \geq \dfrac{-k-6}{2}$

数直線より、 $-6 < \dfrac{-k-6}{2} \leq -5$

> -6 を含めると整数が
> 7 個になってしまう

$-12 < -k - 6 \leq -10$

$-6 < -k \leq -4$ 　　　　　　 よって、 $\therefore 4 \leq k < 6$

(問題 41)

${}_{10}C_5 \div {}_{10}P_4$ を計算せよ。

解答： ${}_{10}C_5 \div {}_{10}P_4 = \dfrac{10 \cdot 9 \cdot 8 \cdot 7 \cdot 6}{5 \cdot 4 \cdot 3 \cdot 2 \cdot 1} \times \dfrac{1}{10 \cdot 9 \cdot 8 \cdot 7}$

$= \dfrac{6}{5 \cdot 4 \cdot 3 \cdot 2 \cdot 1}$

$= \dfrac{1}{5 \cdot 4 \cdot 1} = \dfrac{1}{20}$ 　　　　 $\therefore \dfrac{1}{20}$

この問題は約分の簡単な例でしたが、この後の問題の解答でも、時々約分を工夫した計算を行っていますので、その都度確認してみてください。

(問題 42)

$\sqrt{51} \times \sqrt{119}$ を計算せよ。

解答： $\sqrt{51} \times \sqrt{119} = \sqrt{3 \times 17} \times \sqrt{7 \times 17}$ ← √の中をそれぞれ因数分解

$= \sqrt{3} \times \sqrt{17} \times \sqrt{17} \times \sqrt{7}$

$= 17\sqrt{21}$ ← $\sqrt{17} \times \sqrt{17} = 17$

§ 二次方程式・二次関数・二次不等式（詳解）

(問題 43)

二次方程式 $x^2 + ax + b = 0$ の 2 つの解が $2 \pm \sqrt{3}$ であるとき、定数 a, b の値を求めよ。

解答： 二次方程式の解と係数の関係より、

$-a = \alpha + \beta$ 　　　　　　　$b = \alpha\beta$

$= (2+\sqrt{3}) + (2-\sqrt{3})$ 　　　$= (2+\sqrt{3})(2-\sqrt{3})$

$= 4$ 　　　　　　　　　　$= 1$

　　　　　　　　　　　　　　$\therefore a = -4, \quad b = 1$

(別解) ※解と係数の関係を使わない解法

二次方程式の解 $x = 2 \pm \sqrt{3}$ より、

$x - 2 = \pm\sqrt{3}$

$(x-2)^2 = (\pm\sqrt{3})^2$

展開して整理すると $x^2 - 4x + 1 = 0$ 係数を比較して $\therefore a = -4, b = 1$

（問題 44）

方程式 $\sqrt{x+2} = x$ を解け。

解答： 左辺の $\sqrt{x+2} \geqq 0$ であるから、右辺も $x \geqq 0$ …… ①

両辺を 2 乗して整理すると

$(\sqrt{x+2}\,)^2 = x^2$

$x + 2 = x^2$

$x^2 - x - 2 = 0$

$(x-2)(x+1) = 0$　$x = 2, \ -1$　　①より、　$\therefore x = 2$

【一言アドバイス】

$x = -1$ を方程式に代入して、成り立たないことも確認しておきましょう。

（問題 46）

二次方程式 $2x^2 - 18x - 27 = 0$ を解け。

解答： $x = \dfrac{-(-9) \pm \sqrt{(-9)^2 - 2 \times (-27)}}{2}$

$= \dfrac{9 \pm \sqrt{9^2 + 2 \times (9 \times 3)}}{2}$

$= \dfrac{9 \pm \sqrt{9(9+6)}}{2}$

$= \dfrac{9 \pm 3\sqrt{15}}{2}$　　　$\therefore x = \dfrac{9 \pm 3\sqrt{15}}{2}$

（問題 47）

二次方程式 $x^2 - ax + a^2 - 1 = 0$ が実数解をもつような

実数 a の値の範囲を求めよ。

解答： $x^2 - ax + a^2 - 1 = 0$ の判別式を D とすると、

$D = (-a)^2 - 4(a^2 - 1)$　　$\boxed{D = b^2 - 4ac}$

$= -3a^2 + 4$

$D \geqq 0$ のとき、二次方程式は実数解をもつので、

$-3a^2 + 4 \geqq 0$

これより $3a^2 - 4 \leq 0$ …… ①

ここで $3a^2 - 4 = 0$ の解は $a = \pm \dfrac{2\sqrt{3}}{3}$

であるから、二次不等式①の解は

$-\dfrac{2\sqrt{3}}{3} \leq a \leq \dfrac{2\sqrt{3}}{3}$

$$3a^2 - 4 = 0$$
$$3a^2 = 4$$
$$a^2 = \dfrac{4}{3}$$
$$a = \pm \dfrac{2}{\sqrt{3}}$$
$$a = \pm \dfrac{2\sqrt{3}}{3}$$

よって、二次方程式 $x^2 - ax + a^2 - 1 = 0$ が
実数解をもつような実数 a の値の範囲は

$$\therefore -\dfrac{2\sqrt{3}}{3} \leq a \leq \dfrac{2\sqrt{3}}{3}$$

（問題 48）

二次関数 $y = 3ax^2 - (a^2 - 3a + 5)x + 3a^2 + 4a + 2$ の軸を求めよ。

解答： $y' = 6ax - (a^2 - 3a + 5) = 0$ とすると、

$6ax = (a^2 - 3a + 5)$ これより $\therefore x = \dfrac{a^2 - 3a + 5}{6a}$

（問題 49）

二次関数 $y = 2x^2 - 8x + 7$ を平方完成して、頂点を求めよ。

また、平方完成した式を展開して、元の式に戻ることを確認せよ。

解答： $y = 2(x^2 - 4x) + 7$
$= 2(x - 2)^2 - 2 \cdot (-2)^2 + 7$
$= 2(x - 2)^2 - 1$ 頂点（2, -1）

【一言アドバイス】

展開して、元の式に戻ることも確認しよう！

（問題 50）

a を定数とする。二次関数 $y = x^2 - 2ax + a + 2$ （$1 \leq x \leq 3$）の最小値を
求めよ。

解答： $y = (x - a)^2 - a^2 + a + 2$ 頂点（a, $-a^2 + a + 2$）
軸の位置により場合分けする。

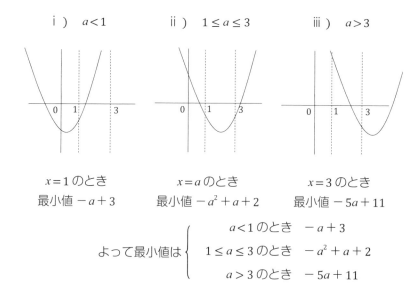

ⅰ） $a<1$　　　ⅱ） $1 \leqq a \leqq 3$　　　ⅲ） $a>3$

$x=1$ のとき　　　　$x=a$ のとき　　　　$x=3$ のとき
最小値 $-a+3$　　　最小値 $-a^2+a+2$　　　最小値 $-5a+11$

よって最小値は $\begin{cases} a<1 \text{ のとき }\quad -a+3 \\ 1 \leqq a \leqq 3 \text{ のとき }\quad -a^2+a+2 \\ a>3 \text{ のとき }\quad -5a+11 \end{cases}$

【一言アドバイス】

ここでは最小値のみの場合分け問題を考えましたが、
「最大値・最小値を共に求めるパターン」、
「定義域が変化するパターン」の問題についても、しっかり確認しておきましょう。

（問題 51）

二次関数　$y=-x^2-2(a+3)x+2a-1$ の最大値を求めよ。

解答： $y=-\{x^2+2(a+3)x\}+2a-1$

$\quad\quad\quad = -\{x+(a+3)\}^2+(a+3)^2+2a-1$

$\quad\quad\quad = -\{x+(a+3)\}^2+a^2+8a+8$

$\quad\quad\quad\quad$ 頂点 $(-a-3,\ a^2+8a+8)$

この二次関数のグラフは上に凸の放物線であるから
頂点の y 座標が求める最大値である。

よって、$x=-a-3$ のとき、最大値 a^2+8a+8

（問題 52）

二次関数のグラフが、3 点 $(-1,\ -2)$,　$(2,\ 7)$,　$(3,\ 18)$　を通るとき、
その二次関数を求めよ。また 3 点を代入して、答えが合っていることを

確認せよ。

解答： $y = ax^2 + bx + c$ に 3 点を代入。

$-2 = a - b + c$ …… ①

$7 = 4a + 2b + c$ …… ②

$18 = 9a + 3b + c$ …… ③

①－②， ①－③より、

$-9 = -3a - 3b$ …… ④　　　　$-20 = -8a - 4b$ …… ⑤

④より $3 = a + b$ …… ④′　　　⑤より $5 = 2a + b$ …… ⑤′

⑤′－④′より、$a = 2$

④′に代入して、$3 = 2 + b$　　$b = 1$

よって①より、 $-2 = 2 - 1 + c$　　$c = -3$

以上より $a = 2,\ b = 1,\ c = -3$

したがって、 $\therefore y = 2x^2 + x - 3$ ◁ 3 点を代入して合っていることを確認！

【一言アドバイス】

本来は、解答として三元連立方程式の詳しい解法まで記述する必要はありませんが、ここでは苦手な人への説明として詳しい手順を書きました。

(問題 53)

放物線　$y = -x^2 + 4x - 1$ は、放物線　$y = -x^2 - 6x - 11$ をどのように平行移動したものか。

解答：

$y = -x^2 + 4x - 1$　　　　　　　$y = -x^2 - 6x - 11$

$\quad = -(x - 2)^2 + 3$　　　　　　　$= -(x + 3)^2 - 2$

頂点 $(2,\ 3)$　　　　　　　　　頂点 $(-3,\ -2)$

x 軸方向 …… $2 - (-3) = 5$　　y 軸方向 …… $3 - (-2) = 5$

移動先－移動元

$\therefore x$ 軸方向に 5，　y 軸方向に 5 だけ平行移動

(問題 54)

放物線　$y = -2x^2 + 5x + 1$ を、x 軸、y 軸　に関して、それぞれ対称移動して得られる放物線の方程式を、平方完成を使わずに求めよ。

解答： $y=-2x^2+5x+1$ において　　　 $y=-2x^2+5x+1$ において

y に $-y$ を代入すると、　　　　　 x に $-x$ を代入すると、

$-y=-2x^2+5x+1$ 　　　　　　　 $y=-2(-x)^2+5(-x)+1$

$y=2x^2-5x-1$ 　　　　　　　　　 $y=-2x^2-5x+1$

$\therefore x$ 軸対称は $y=2x^2-5x-1$,　 y 軸対称は $y=-2x^2-5x+1$

（問題 55）

　放物線　 $y=x^2-10x+2$ （ $-1\leqq x\leqq 6$ ）の最大値・最小値を求めよ。

解答： $y=x^2-10x+2$

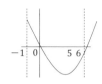

　　　　 $=(x-5)^2-23$

　　　頂点 $(5,\ -23)$

　　　軸 $x=5$ で、 $-1\leqq 5\leqq 6$ 　より、最小値は頂点の y 座標の -23

　　　また、 $x=-1$ のとき、 $y=(-1)^2-10\times(-1)+2=13$

　　　　　　　 $x=6$ のとき、 $y=6^2-10\times6+2=-22$

　　　以上より、 $\therefore x=-1$ のとき最大値 13, $x=5$ のとき最小値 -23

【一言アドバイス】

　実際には、軸 $x=5$ 　と $x=-1$,　 $x=6$ とのそれぞれの距離を比べれば

　 $x=-1$ で最大値を取ることがわかるので、 $x=6$ を調べることは不要です。

（問題 56）

　放物線　 $y=2x^2$ 　を平行移動した曲線で、2 点 $(-2,\ 11)$, $(1,\ 2)$ 　を
通る放物線の方程式を求めよ。

解答：　求める放物線の方程式を　 $y=2x^2+bx+c$ とおく。 ← x^2 の係数は 2

　　　　　 $(-2,\ 11)$ を代入　　　　　　 $(1,\ 2)$ を代入

　　　　　 $11=2\times(-2)^2-2b+c$ 　　　 $2=2\times1^2+b+c$

　　　　　 $8-2b+c=11$ 　　　　　　　　 $b+c=0$ ……　②

　　　　　 $-2b+c=3$ ……　①

　　　　　①，②より $b=-1$,　 $c=1$ 　　よって、 $\therefore y=2x^2-x+1$

（問題 57）

次の二次不等式を求めよ。

(1) $x^2 - 5x - 24 < 0$　　(2) $4x^2 - 4x + 1 \leq 0$　　(3) $2x^2 + 3x + 5 \leq 0$

解答：　(1) $x^2 - 5x - 24 < 0$　(2) $4x^2 - 4x + 1 \leq 0$　(3) $2x^2 + 3x + 5 \leq 0$

　　　　　　$(x - 8)(x + 3) < 0$　　　$(2x - 1)^2 \leq 0$　　　　$2x^2 + 3x + 5 = 0$ の

　　　　　　$\therefore -3 < x < 8$　　　　　　$\therefore x = \dfrac{1}{2}$　　　　判別式を D とすると

　　　　　　　　　　　　　　　　　　　　　　　　　　　　　$D = 3^2 - 4 \times 2 \times 5 < 0$

　　　　　　　　　　　　　　　　　　　　　　　　　　　　　$\therefore$ 解はない

（問題 58）

a を定数とするとき、x についての不等式　$x^2 + (2 - a)x - 2a < 0$ を解け。

解答：　$x^2 + (2 - a)x - 2a < 0$

　　　　$(x - a)(x + 2) < 0$

　　　　$a < -2$ のとき　$a < x < -2$　　　　a と -2 の大小で場合分けする必要がある

　　　　$a = -2$ のとき　$(x + 2)^2 < 0$ となるので、解はない

　　　　$a > -2$ のとき　$-2 < x < a$

$$\begin{cases} a < -2 \text{ のとき }\quad a < x < -2 \\ a = -2 \text{ のとき }\quad \text{解はない} \\ a > -2 \text{ のとき }\quad -2 < x < a \end{cases}$$

（問題 59）

全ての実数 x に対して、不等式　$mx^2 + 3mx + m - 1 < 0$ が成り立つように、定数 m の値の範囲を定めよ。

解答：　ⅰ．$m = 0$ のとき、$-1 < 0$　となるので全ての実数 x に対して

　　　　　　不等式は成り立つ。

　　　　ⅱ．$m \neq 0$　のとき、$mx^2 + 3mx + m - 1 = 0$　の判別式を

　　　　　　D とすると、

　　　　　　$D = (3m)^2 - 4 \times m \times (m - 1)$

　　　　　　　$= 9m^2 - 4m(m - 1)$

　　　　　　　$= 5m^2 + 4m$

　　　　　　　$= m(5m + 4) < 0$　　　　グラフが x 軸と交わらない

よって $-\dfrac{4}{5} < m < 0$

ここで $mx^2 + 3mx + m - 1 < 0$ が

全ての実数 x に対して成り立つためには、

上に凸のグラフ ▷ $m < 0$ でなければならない。 よって、$-\dfrac{4}{5} < m < 0$

ⅰ．ⅱ．より、 $\therefore -\dfrac{4}{5} < m \leqq 0$

§ データの分析（詳解）

（問題 61）

右の表は、児童 5 人の国語と算数の
テスト結果 (10 点満点) である。
相関係数を求めよ。

	1	2	3	4	5
国語	7	6	9	8	10
算数	8	6	5	4	7

解答： 国語と算数の平均値をそれぞれ E_x, E_y, 分散を V_x, V_y
国語と算数の共分散を V_{xy} とする。

$E_x = (7 + 6 + 9 + 8 + 10) \div 5$　　　$E_y = (8 + 6 + 5 + 4 + 7) \div 5$

$ = 40 \div 5$　　　　　　　　　　$ = 30 \div 5$

$ = 8$　　　　　　　　　　　　　$ = 6$

$V_x = \{(7-8)^2 + (6-8)^2 + (9-8)^2 + (8-8)^2 + (10-8)^2\} \div 5$

$ = \{(-1)^2 + (-2)^2 + 1^2 + 0^2 + 2^2\} \div 5$

$ = (4 + 1 + 4 + 1) \div 5$

$ = 2.0$

$V_y = \{(8-6)^2 + (6-6)^2 + (5-6)^2 + (4-6)^2 + (7-6)^2\} \div 5$

$ = \{2^2 + 0^2 + (-1)^2 + (-2)^2 + 1^2\} \div 5$

$ = (1 + 4 + 1 + 4) \div 5$

$ = 2.0$

$V_{xy} = \{(7-8)(8-6) + (6-8)(6-6) + (9-8)(5-6) +$

$\phantom{V_{xy} = \{} (8-8)(4-6) + (10-8)(7-6)\} \div 5$

$\phantom{V_{xy}} = \{(-1) \times 2 + (-2) \times 0 + 1 \times (-1) + 0 \times (-2) + 2 \times 1\} \div 5$

$$= (-2 - 1 + 2) \div 5$$
$$= -0.2$$

よって、相関係数は $\dfrac{-0.2}{\sqrt{2.0} \times \sqrt{2.0}} = -0.1$ $\qquad \therefore -0.1$

【一言アドバイス】

気になる人もいるかと思いますので、相関係数が $-1 \leq r \leq 1$ になることを証明しておきます（高校範囲の数学を超えますが、考え方はわかるかと思います）。

2つの変量 x, y のデータが、n 個の x, y の値の組として、

$\quad (x_1, y_1)$, (x_2, y_2) , (x_3, y_3) , ……, (x_n, y_n)

のように与えられているとする。また、x, y それぞれの平均を $\bar{x}$, $\bar{y}$ とする。

$\quad \vec{x} = (x_1 - \bar{x}, x_2 - \bar{x}, x_3 - \bar{x}, \cdots\cdots, x_n - \bar{x})$,

$\quad \vec{y} = (y_1 - \bar{y}, y_2 - \bar{y}, y_3 - \bar{y}, \cdots\cdots, y_n - \bar{y})$,

$\vec{x}$ と $\vec{y}$ のなす角を θ とおくと

$\quad \cos^2 \theta \leq 1$ より $|\vec{x}|^2 |\vec{y}|^2 \cos^2 \theta \leq |\vec{x}|^2 |\vec{y}|^2$

$\quad$ これより $(\vec{x} \cdot \vec{y})^2 \leq |\vec{x}|^2 |\vec{y}|^2$

$\quad$ よって

$\quad \{(x_1 - \bar{x})(y_1 - \bar{y}) + (x_2 - \bar{x})(y_2 - \bar{y}) + \cdots\cdots + (x_n - \bar{x})(y_n - \bar{y})\}^2$

$\quad \leq \{(x_1 - \bar{x})^2 + (x_2 - \bar{x})^2 + \cdots\cdots + (x_n - \bar{x})^2\}\{(y_1 - \bar{y})^2 + (y_2 - \bar{y})^2 + \cdots\cdots + (y_n - \bar{y})^2\}$

両辺を n^2 で割る。

$\dfrac{1}{n^2} \{(x_1 - \bar{x})(y_1 - \bar{y}) + (x_2 - \bar{x})(y_2 - \bar{y}) + \cdots\cdots + (x_n - \bar{x})(y_n - \bar{y})\}^2$

$\leq \dfrac{1}{n} \{(x_1 - \bar{x})^2 + (x_2 - \bar{x})^2 + \cdots\cdots + (x_n - \bar{x})^2\} \dfrac{1}{n} \{(y_1 - \bar{y})^2 + (y_2 - \bar{y})^2$

$+ \cdots\cdots + (y_n - \bar{y})^2\}$

これより、x, y それぞれの分散を V_x, V_y、共分散を V_{xy} とおくと、

$\quad {V_{xy}}^2 \leq V_x \times V_y$

よって、$\dfrac{{V_{xy}}^2}{V_x \times V_y} \leq 1$

したがって、$-1 \leq \dfrac{V_{xy}}{\sqrt{V_x}\sqrt{V_y}} \leq 1$

（問題 63）

次の命題の逆・裏・対偶 およびその真偽を答えよ。

「x, y が実数のとき、$x + y > 0$ ならば x, y の少なくとも一方は正」

解答：

逆 …… 「x, y が実数のとき、x, y のうち少なくとも一方が正 ならば $x + y > 0$」

裏 …… 「x, y が実数のとき、$x + y \leq 0$ ならば x, y はともに 0 以下」

対偶 …… 「x, y が実数のとき、x, y がともに 0 以下 ならば $x + y \leq 0$」

対偶は明らかに真である。（よって、元の命題も真）

逆は偽。（反例は、$x = 3, y = -10$ など）

逆の対偶は裏なので、裏も偽。

以上より　　∴ 逆：偽，　裏：偽，　対偶：真

（問題 64）

$\sqrt{2}$ が無理数であることを背理法を用いて証明せよ。

解答：　$\sqrt{2}$ を有理数と仮定すると、

$\sqrt{2} = \dfrac{n}{m}$ (m, n は互いに素な整数) とおける。 ← $\dfrac{n}{m}$ は既約分数とおいてもよい

$\sqrt{2}\, m = n$

$2m^2 = n^2$ …… ① （互いに素）2 つの整数の最大公約数が 1

よって、n^2 は 2 の倍数なので、n も 2 の倍数であるから、

k を整数として、$n = 2k$ とおける。 ← 2 の倍数は 2 × □

①に代入すると

$2m^2 = (2k)^2$

$m^2 = 2k^2$

よって、m^2 は 2 の倍数なので、m は 2 の倍数である。

以上より、m, n がともに 2 の倍数となるが、

これは m, n が互いに素な整数であることに矛盾する。

ゆえに、$\sqrt{2}$ は無理数である。

互いに素のはずなのに 2 が m, n の公約数になってしまう

（数 A）

§ 集合・場合の数・確率（詳解）

（問題 65）

次の問題について、ベン図を書いて考えよ。

3 つの資格試験 A 試験、B 試験、C 試験について、受験した者全体の集合をそれぞれ A, B, C で表す。$n(A) = 65, n(B) = 40, n(A \cap B) = 14, n(B \cap C) = 9$

$n(A \cap C) = 11, n(A \cup C) = 78, n(A \cup B \cup C) = 99$ のとき、次の問いに答えよ。

(1) A 試験、B 試験、C 試験の全てを受験した者の人数を求めよ。

(2) A 試験、B 試験、C 試験のどれか一つのみ受験した者の人数を求めよ。

解答： (1) $n(A \cup C) = n(A) + n(C) - n(A \cap C)$ より、

$78 = 65 + n(C) - 11$ $n(C) = 24$

次に $n(A \cup B \cup C) = n(A) + n(B) + n(C)$

$- n(A \cap B) - n(B \cap C) - n(A \cap C) + n(A \cap B \cap C)$ より、

$99 = 65 + 40 + 24 - 14 - 9 - 11 + n(A \cap B \cap C)$

よって、 $n(A \cap B \cap C) = 4$ ∴ 4 人

(2) (1)で求めた $n(A \cap B \cap C) = 4$ をふまえてベン図を書く。

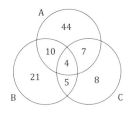

よって、ベン図より $44 + 21 + 8 = 73$ ∴ 73 人

【一言アドバイス】

もちろん計算のみで求めることもできますが、ベン図で考えた方がわかりやすく、つまらないミスを防げると思います。

（問題 66）

5 個の数字 0, 1, 2, 3, 4 を使ってできる次の整数の個数を求めよ。

① 4 桁の整数

② 4 桁の偶数

解答： ① 千の位は 0 以外の 4 通り。

百の位は千の位で選ばなかった 4 個の数字から 1 個を並べるので 4 通り。

十の位は千、百の位で選ばなかった 3 個の数字から 1 個を並べるので 3 通り。

一の位は千、百、十の位で選ばなかった 2 個の数字から 1 個を並べるので 2 通り（百〜一の位の並べ方の総数は P を用いれば ${}_4P_3$）。

よって、求める整数の個数は

$4 \times 4 \times 3 \times 2 = 96$　　∴ 96 個

② ⅰ．一の位が 0 のとき

千の位は一の位で選ばなかった 4 個の数字から 1 個を並べるので 4 通り。

百の位は千の位で選ばなかった 3 個の数字から 1 個を並べるので 3 通り。

十の位は千、百の位で選ばなかった 2 個の数字から 1 個を並べるので 2 通り（千〜十の位の並び方の総数は P を用いれば ${}_4P_3$ ）。

よって、一の位が 0 となる 4 桁の偶数は

$4 \times 3 \times 2 = 24$（個）

ⅱ．一の位が 2, 4 のとき

千の位は 0 と一の位で選んだ数（2 か 4）を除いた 3 通り。

百の位は一と千の位で選ばなかった 3 個の数字から 1 個を並べるので 3 通り。

十の位は一、千、百の位で選ばなかった 2 個の数字から 1 個を並べるので 2 通り（百、十の位の並び方の総数は P を用いれは ${}_3P_2$）。

よって、

2 × 3 × 3 × 2=36（個）

したがって、ⅰ．ⅱ．より

24+36=60 　　∴ 60 個

【一言アドバイス】

②は、4 桁の奇数の個数を求めて、①の 4 桁の整数の個数から引いてもよいです。

（問題 67）

『6 回サイコロを振るとき、1 の目が 1 回だけ出る確率を求めよ。』

この問題をタロー君は次のように考えた。

「例えば 1 回目に 1 の目、2 〜 6 回目に 1 の目以外が出るとすると、

その確率は $\left(\dfrac{1}{6}\right)\left(\dfrac{5}{6}\right)^5 = \dfrac{5^5}{6^6}$ となる。

でも、1 の目が 2 回目に出るとき、3 回目に出るとき、……も同じ確率なので、

$$6 \times \dfrac{5^5}{6^6} = \dfrac{5^5}{6^5} = \dfrac{3125}{7776}$$

しかしこれが求める確率だとすると、2 の目が 1 回だけ出る確率、3 の目が 1 回だけ出る確率も同じ確率になるけど、

$\dfrac{3125}{7776} \times 3 > 1$ となり確率の和が 1 を超えてしまう！　何かがおかしい？」。

タロー君の間違いを直してあげなさい。

解答：　反復試行の考え方より、1 の目が 1 回だけ出る確率は

$_6C_1 \times \left(\dfrac{1}{6}\right)\left(\dfrac{5}{6}\right)^5 = \left(\dfrac{5}{6}\right)^5 = \dfrac{3125}{7776}$ であるから、前半のタロー君の計算は正しい。

1 の目が 1 回だけ出る確率には、例えば 6 回の目の出方が、

1, 2, 3, 4, 4, 5 などのように、2 の目も 1 回だけ、3 の目も 1 回だけの確率も含まれているため、これらは互いに排反事象ではない。

よって、後半の確率の和が 1 を超えても、特に間違いではない。

（問題 68）

internet の全ての文字を使ってできる順列の総数と、その中でどの t も、どの e より左側にあるものの数を求めよ。

解答： t, e, n がそれぞれ 2 文字ずつ、i, r が 1 文字ずつなので、同じものを含む順列の公式より、

$$\frac{8!}{2!2!2!} = 5040 \qquad \therefore \ 順列の総数は 5040 通り$$

X が 4 文字、n が 2 文字、i, r が 1 文字ずつの 8 文字の並べ方は、

$$\frac{8!}{4!2!} = 840$$

並べた 8 文字のうち、X の 4 文字を

左から順に、t, t, e, e で置き換えれば、

どの t もどの e より左側にある順列になる。

例： i X n X X r n X
⇩
i t n t e r n e

よって、 $\therefore$ 840 通り

（問題 69）

10 本のくじの中に当たりくじが 3 本ある。A, B, C の 3 人が、この順番で 1 本ずつ 1 回だけこのくじを引くとき、C の当たる確率を求めよ。ただし、引いたくじは元に戻さないものとする。

解答： くじは引く順番に関係なく当たる確率は等しい。

よって $\therefore \dfrac{3}{10}$

（別解）

ⅰ．A, B, C の 3 人が当たるとき

$$\frac{3}{10} \times \frac{2}{9} \times \frac{1}{8} = \frac{1}{120}$$

ⅱ．A がはずれて、B, C の 2 人が当たるとき

$$\frac{7}{10} \times \frac{3}{9} \times \frac{2}{8} = \frac{7}{120}$$

ⅲ．A, C が当たり、B がはずれるとき

$$\frac{3}{10} \times \frac{7}{9} \times \frac{2}{8} = \frac{7}{120}$$

ⅳ．A, B がはずれて、C だけ当たるとき

$$\frac{7}{10} \times \frac{6}{9} \times \frac{3}{8} = \frac{7}{40}$$

ⅰ．ⅱ．ⅲ．ⅳ．より、

$$\frac{1}{120} + \frac{7}{120} + \frac{7}{120} + \frac{7}{40} = \frac{3}{10} \qquad \therefore \frac{3}{10}$$

【一言アドバイス】

共通テストなど時間に余裕がないテストでは、場合分けは避けられるものなら避けたいです。

（問題 70）

3 つの資格試験 A，B，C があり、おのおのの試験に合格する確率を、

それぞれ $\frac{4}{5}$，$\frac{3}{4}$，$\frac{2}{3}$ とする。次の問いに答えよ。

(1) 3 つの試験全てに合格する確率を求めよ。

(2) 2 つの試験にだけ合格する確率を求めよ。

解答： (1) $\frac{4}{5} \times \frac{3}{4} \times \frac{2}{3} = \frac{2}{5}$ $\qquad \therefore \frac{2}{5}$

(2) A，B，C の試験に合格しない確率は、

それぞれ $\frac{1}{5}$，$\frac{1}{4}$，$\frac{1}{3}$ である。

ⅰ．A と B だけ合格

$$\frac{4}{5} \times \frac{3}{4} \times \frac{1}{3} = \frac{1}{5}$$

ⅱ．B と C だけ合格

$$\frac{1}{5} \times \frac{3}{4} \times \frac{2}{3} = \frac{1}{10}$$

ⅰ．A と C だけ合格

$$\frac{4}{5} \times \frac{1}{4} \times \frac{2}{3} = \frac{2}{15}$$

ⅰ．ⅱ．ⅲ．より、

$$\frac{1}{5} + \frac{1}{10} + \frac{2}{15} = \frac{13}{30} \qquad \therefore \frac{13}{30}$$

（問題 71）

A、B の 2 人が 6 回じゃんけんして、A が 3 回勝ち、2 回負け、1 回引き分ける確率を求めよ。

解答： A が勝つ確率、負ける確率、引き分ける確率はともに $\frac{1}{3}$ である。

A が勝ったときを○、負けたときを×、引き分けを△で表すとすると、6 回じゃんけんして、A が 3 回勝ち、2 回負け、1 回引き分ける場合の数は、○を 3 個、×を 2 個、△を 1 個並べる順列の総数と等しいので、

$$\frac{6!}{3!2!} = 60 \text{ 通り} \quad \Longleftarrow \boxed{\text{同じものを含む順列の公式}}$$

それぞれの場合において、A が 3 回勝ち、2 回負け、1 回引き分ける確率は、

$$\left(\frac{1}{3}\right)^3 \times \left(\frac{1}{3}\right)^2 \times \left(\frac{1}{3}\right) = \frac{1}{729}$$

よって、$60 \times \dfrac{1}{729} = \dfrac{20}{243}$ $\qquad \therefore \dfrac{20}{243}$

(問題 72)

10 人を次のようにグループに分ける方法は何通りあるか。

(1) 5 人、5 人ずつ 2 部屋に入れる。

(2) 5 人ずつ 2 グループに分ける。

解答 : (1) $_{10}C_5 \times _5C_5 = 252$ $\qquad\qquad\qquad \therefore 252$ 通り

(2) (1)より、 $252 \div 2! = 126$ $\qquad\qquad \therefore 126$ 通り

【一言アドバイス】

特別な断りがない限り、(1)の 2 つの部屋は洋室と和室のように区別して考えなければなりません。
例えば、「洋室に 1 ～ 5 番、和室に 6 ～ 10 番の人が入る場合」と、この反対に「洋室に 6 ～ 10 番、和室に 1 ～ 5 番の人が入る場合」は明らかに違う場合です。
しかし(2)では、例えば 1 ～ 5 番と 6 ～ 10 番の 2 グループに分けただけなので、6 ～ 10 番と 1 ～ 5 番と反対にしたところで、それは同じ場合でしかありません。

(問題 73)

3 人でじゃんけんをするとき、1 人だけが勝つ確率を求めよ。

解答 : A，B，C の 3 人がじゃんけんをするときを考える。

3 人の手の出し方は、それぞれグー、チョキ、パーの 3 通りあ
るので、全部で $3^3 = 27$ 通り。

そのうち A 君だけが勝つのは、グー、チョキ、パーのどの手で
勝つかの 3 通りある。

> 具体的に A 君として考えるとわかりやすい

B, C 君についても同様にそれぞれ 3 通りなので、誰か 1 人だ
けが勝つ場合の数は $3 \times 3 = 9$ 通り

よって、3 人でじゃんけんをするとき、1 人だけが勝つ確率は

$$\frac{9}{27} = \frac{1}{3} \qquad \therefore \frac{1}{3}$$

【一言アドバイス】

心得には 2 人でのじゃんけんについて載せましたが、2 人は簡単ですので、
問題では 3 人のじゃんけんについて考えてもらいました。

ちなみに 4 人以上でじゃんけんをするとき、1 人だけが勝つ確率は $\frac{1}{3}$ ではありま
せん！

（問題 74）

x, y を正の定数とする。2 つの集合

$P = \{2x, \ 0, \ 3y - 2x\}, \quad Q = \{x + y, \ x^2, \ 2x - y, \ y\}$ について、

$P \subset Q$ となるとき、定数 x, y の値を定めよ。

解答： $P \subset Q$ より、P の要素の 0 は Q の要素でもあるが、x, y は正の定数
なので、Q の要素の中で 0 になる可能性があるのは、$x + y$ か $2x - y$ である。

ⅰ．$x + y = 0$ のとき、$y = -x$

これより、 $P = \{2x, \ 0, \ -5x\}, \quad Q = \{0, \ x^2, \ 3x, \ -x\}$

x は正の定数なので、P の要素 $-5x$ は負の数であるが、

Q の要素のうちで負の数なのは $-x$ のみであるから、

$-5x = -x$

これより $x = 0$ となるが、x は正の定数なので不適である。

ⅱ．$2x - y = 0$ のとき、$y = 2x$

これより、 $P = \{2x, \ 0, \ 4x\}, \quad Q = \{3x, \ x^2, 0, \ 2x\}$

$2x$ は P, Q どちらの要素にもなっているので、P の要素の $4x$ は、Q の要素の $3x$ か x^2 と等しい数である。

しかし、$x \neq 0$ であるから $4x = x^2$ とわかる。

よって、$x^2 - 4x = 0$　$\boxed{4x=3x \text{とすると、} x=0 \text{となり不適}}$

$x(x - 4) = 0$　$x > 0$ より、$x = 4$

このとき、$y = 2x = 8$

ⅰ．ⅱ．より、　　　　　　$x = 4,\ y = 8$

このとき $P = \{8,\ 0,\ 16\}$,　　$Q = \{12,\ 16,\ 0,\ 8\}$ となり

確かに $P \subset Q$ が成り立つ。　よって、　$\therefore x = 4,\ y = 8$

(問題 75)

150 以下の正の整数で、3 の倍数の集合を A, 4 の倍数の集合を B, 5 の倍数の集合を C とする。このとき、$A \cap B \cap C$ と　$A \cup B \cup C$ の要素の個数をそれぞれ求めよ。

解答：　$A \cap B \cap C$ は、60 の倍数の集合なので、 $\boxed{3,\ 4,\ 5 \text{の最小公倍数は} 60}$

$150 \div 60 = 2$　　　　　　　　　　$\therefore n(A \cap B \cap C) = 2$

$n(A) = 50,\ n(B) = 37,\ n(C) = 30$

$A \cap B$ は 12 の倍数の集合なので、

$150 \div 12 = 12$　　　　　　　　$n(A \cap B) = 12$

$B \cap C$ は 20 の倍数の集合なので、

$150 \div 20 = 7$　　　　　　　　　$n(B \cap C) = 7$

$A \cap C$ は 15 の倍数の集合なので、

$150 \div 15 = 10$　　　　　　　　　$n(A \cap C) = 10$

よって、$n(A \cup B \cup C) = n(A) + n(B) + n(C) - n(A \cap B)$

$- n(B \cap C) - n(A \cap C) + n(A \cap B \cap C)$

$= 50 + 37 + 30 - 12 - 7 - 10 + 2$

$= 90$　　　　$\therefore n(A \cup B \cup C) = 90$

(問題 76)

ド・モルガンの法則が成り立つことをベン図を書いて確認せよ。

解答：

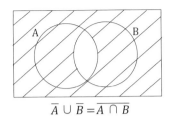

$$\overline{A} \cup \overline{B} = \overline{A \cap B}$$

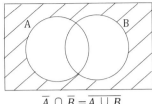

$$\overline{A} \cap \overline{B} = \overline{A \cup B}$$

(問題 77)

ある品物を製造するとき、A 工場の製品には 5%, B 工場の製品には 3% の不良品が含まれると考えられる。A 工場の製品 100 個と B 工場の製品 200 個とを混ぜた中から 1 個を取り出すとき、次の確率を求めよ。

(1) それが不良品である確率。

(2) 不良品であったとき、それが A 工場の製品である確率。

解答： 取り出した製品が A 工場の製品である事象を A、B 工場の製品である事象を B、不良品である事象を E とする。

(1) $P(A) = \dfrac{100}{300} = \dfrac{1}{3}$, $P(B) = \dfrac{200}{300} = \dfrac{2}{3}$

$P_A(E) = \dfrac{5}{100} = \dfrac{1}{20}$, $P_B(E) = \dfrac{3}{100}$

> A 工場は 5% が不良品なので、A 工場の製品が選ばれたとき、それが不良品となる確率 $P_A(E) = \dfrac{5}{100}$
> B 工場についても同様

よって、$P(E) = P(A \cap E) + P(B \cap E)$

$= P(A) \cdot P_A(E) + P(B) \cdot P_B(E)$

$= \dfrac{1}{3} \times \dfrac{1}{20} + \dfrac{2}{3} \times \dfrac{3}{100}$

$= \dfrac{11}{300}$　　　　　　　∴ $\dfrac{11}{300}$

(2) 求める確率は、$P_E(A)$ であるから、

$P_E(A) = \dfrac{P(A \cap E)}{P(E)} = \dfrac{\frac{1}{3} \times \frac{1}{20}}{\frac{11}{300}}$

$= \dfrac{5}{11}$　　　　　　　∴ $\dfrac{5}{11}$

(別解)　※具体的に A，B それぞれの不良品の個数を求める。

(1) A 工場の不良品は、$100 \times \dfrac{5}{100} = 5$　　　　5 個

B工場の不良品は、$200 \times \dfrac{3}{100} = 6$　　6個

よって、　$\dfrac{5+6}{300} = \dfrac{11}{300}$　　$\therefore \dfrac{11}{300}$

(2) (1)より、300個の製品中に不良品は11個、その中でA製品であるものは5個なので、求める確率は $\dfrac{5}{11}$　　$\therefore \dfrac{5}{11}$

【一言アドバイス】

この問題では、条件付き確率の公式を使わない方が素早く解けますが、
条件付き確率の問題の中には、条件付き確率の考え方と公式を用いないと
解けないものもあります。いろいろな問題を解いて、慣れておきましょう。

(問題 78)

I，N，O，M，I，H，I，M，Aの9文字をでたらめに1列に並べるとき、どの2つのIも隣り合わない確率を求めよ。

解答：　9文字を1列に並べる場合の数は、

9! 通り。

Iが隣り合わないためには、まずN，O，M，H，M，A の6文字を並べ、

その文字の間の7ヶ所から3ヶ所を選んでIを並べればよいので、

$6! \times {}_7P_3$

よって、　$\dfrac{6! \times {}_7P_3}{9!} = \dfrac{7 \times 6 \times 5}{9 \times 8 \times 7}$

> □N□O□M□H□M□A□
> 7ヶ所の□の中から3ヶ所を選びIを並べる。

$= \dfrac{5}{12}$　　$\therefore \dfrac{5}{12}$

(別解)　※同じものを含む順列の公式を使う解法。

(Iの3文字とMの2文字をそれぞれ同じ文字としてみなす)

I，N，O，M，I，H，I，M，A はIが3文字、Mが2文字、

N，O，H，Aが1文字ずつなので、その並べ方は　$\dfrac{9!}{3!2!}$

Iが隣り合わないためには、まずN，O，M，H，M，A の6文字を並べ、

その文字の間の7ヶ所から3ヶ所選んでIを入れればよいので、

$\dfrac{6!}{2!} \times {}_7C_3$

よって求める確率は、

$$\left(\frac{6!}{2!} \times {}_7C_3\right) \div \frac{9!}{3!2!}$$

$$= \left(\frac{6!}{2!} \times \frac{7\times6\times5}{3\times2\times1}\right) \times \frac{3!2!}{9!} \quad \overset{\longleftarrow}{\boxed{9!=9\cdot8\cdot7\cdot6! \text{ なので } 6! \text{ を先に約分}}}$$

$$= \frac{3\times2\times1}{9\times8\times7} \times \frac{7\times6\times5}{3\times2\times1}$$

$$= \frac{5}{12} \qquad\qquad \therefore \frac{5}{12}$$

【一言アドバイス】

別解でも答えは求められましたが、「同様に確からしい」かどうかの判断に悩みそうです。

（問題 80）

1 から 9 までの数字が 1 つずつ書かれたカード 9 枚から 2 枚を取り出したとき、カードの数の積が偶数になる確率を求めよ。

解答： カードの数の積が奇数になるのは、取り出したカードが 2 枚とも奇数のときなので、その確率は

$$\frac{{}_5C_2}{{}_9C_2} = \frac{5}{18} \quad \overset{\longleftarrow}{\boxed{\text{奇数 5 枚の中から}\\\text{2 枚を選ぶので }{}_5C_2}}$$

よって、$1 - \dfrac{5}{18} = \dfrac{13}{18}$ $\qquad\qquad \therefore \dfrac{13}{18}$

（別解）　※カードの数の積が偶数になる場合を真面目に解いた解法
カードの数の積が偶数になるのは、取り出した 2 枚が
「2 枚とも偶数」か「偶数と奇数が 1 枚ずつ」のときである。
　ⅰ．　2 枚とも偶数のとき

$$\frac{{}_4C_2}{{}_9C_2} = \frac{1}{6} \quad \overset{\longleftarrow}{\boxed{\text{偶数 4 枚の中から}\\\text{2 枚を選ぶので }{}_4C_2}}$$

　ⅱ．　偶数と奇数が 1 枚ずつのとき

$$\frac{{}_4C_1 \times {}_5C_1}{{}_9C_2} = \frac{5}{9}$$

> 偶数 4 枚 , 奇数 5 枚の中から
> 1 枚ずつ選ぶので ${}_4C_1 \times {}_5C_1$

ⅰ．ⅱ．より、$\dfrac{1}{6} + \dfrac{5}{9} = \dfrac{13}{18}$　　　　$\therefore \dfrac{13}{18}$

【一言アドバイス】

　別解の解法でももちろん解は求められますが、時間が厳しい試験では、
やはり余事象を使って少しでも速くミスなく解くべきです。

(問題 81)

2 つの袋の中に 1, 2, 3, 4 と書いてある 4 個の玉がそれぞれ入っている。
この 2 つの袋の中からそれぞれ 1 個ずつ取り出すとき、取り出した 2
個の玉の和の期待値を求めよ。

> 袋から 1 個の玉を取りだす確率は、どの玉でも $\dfrac{1}{4}$

解答：　ⅰ．和が 2 となるのは　1 と 1 の玉を取り出す場合であるから、

この確率は　$\dfrac{1}{4} \times \dfrac{1}{4} = \dfrac{1}{16}$

ⅱ．和が 3 となるのは　1 と 2, 2 と 1 の玉を取り出す場合であ
るから、

この確率は　$\dfrac{1}{4} \times \dfrac{1}{4} \times 2 = \dfrac{1}{8}$

ⅲ．和が 4 となるのは　1 と 3, 3 と 1, 2 と 2 の玉を取り出す
場合であるから、

この確率は　$\dfrac{1}{4} \times \dfrac{1}{4} \times 3 = \dfrac{3}{16}$

ⅳ．和が 5 となるのは　1 と 4, 4 と 1, 2 と 3, 3 と 2 の玉を取
り出す場合であるから、

この確率は　$\dfrac{1}{4} \times \dfrac{1}{4} \times 4 = \dfrac{1}{4}$

ⅴ．和が 6 となるのは　2 と 4, 4 と 2, 3 と 3 の玉を取り出す
場合であるから、

この確率は　$\dfrac{1}{4} \times \dfrac{1}{4} \times 3 = \dfrac{3}{16}$

ⅵ．和が 7 となるのは　3 と 4，4 と 3 の玉を取り出す場合であるから、

この確率は　$\dfrac{1}{4} \times \dfrac{1}{4} \times 2 = \dfrac{1}{8}$

ⅶ．和が 8 となるのは　4 と 4 の玉を取り出す場合であるから、

この確率は　$\dfrac{1}{4} \times \dfrac{1}{4} \times 1 = \dfrac{1}{16}$

確率の和が 1 になることを確認

（ⅰ．〜ⅶ．より確率の和は

$\dfrac{1}{16} + \dfrac{1}{8} + \dfrac{3}{16} + \dfrac{1}{4} + \dfrac{3}{16} + \dfrac{1}{8} + \dfrac{1}{16} = \dfrac{1+2+3+4+3+2+1}{16} = 1$）

よって、2 個の玉の和の期待値は

$2 \times \dfrac{1}{16} + 3 \times \dfrac{1}{8} + 4 \times \dfrac{3}{16} + 5 \times \dfrac{1}{4} + 6 \times \dfrac{3}{16} + 7 \times \dfrac{1}{8} + 8 \times \dfrac{1}{16}$

$= \dfrac{1}{16}(2 + 3 \times 2 + 4 \times 3 + 5 \times 4 + 6 \times 3 + 7 \times 2 + 8)$

$= \dfrac{1}{16}(2 + 6 + 12 + 20 + 18 + 14 + 8)$

$= \dfrac{1}{16} \times 80$

$= 5$ 　　　　　∴ 5

（問題 82）

P，Q の 2 人がカードの入った袋を持っている。P の袋には 1，3，5，7，9 の数字が、Q の袋には 2，4，6，8 の数字が 1 つずつ書かれたカードが 1 枚ずつ入っている。

P，　Q が各自の袋から中身を見ないでカードを 1 枚取り出し、書かれた数字の大きいカードを取り出した方を勝ちとする。勝ったときは、各自のカードに書かれている数字が得点になる。このとき P の得点の期待値を求めよ。

解答：　ⅰ．P が 3 のカードを出して勝つとき、

Q のカードの出し方は、2 のカードの 1 通り

よって、このときの確率は　$\dfrac{1}{5} \times \dfrac{1}{4} = \dfrac{1}{20}$

ⅱ．Pが5のカードを出して勝つとき、

Qのカードの出し方は、2，4のカードの2通り

よって、このときの確率は　　$\dfrac{1}{5} \times \dfrac{2}{4} = \dfrac{1}{10}$

ⅲ．Pが7のカードを出して勝つとき、

Qのカードの出し方は、2，4，6のカードの3通り

よって、このときの確率は　　$\dfrac{1}{5} \times \dfrac{3}{4} = \dfrac{3}{20}$

ⅳ．Pが9のカードを出して勝つとき、

Qのカードの出し方は、2，4，6，8のカードの4通り

よって、このときの確率は　　$\dfrac{1}{5} \times \dfrac{4}{4} = \dfrac{1}{5}$

したがって、ⅰ．〜ⅳ．よりPの得点の期待値は

$$3 \times \dfrac{1}{20} + 5 \times \dfrac{1}{10} + 7 \times \dfrac{3}{20} + 9 \times \dfrac{1}{5}$$

$$= \dfrac{1}{20}\,(3 + 5 \times 2 + 7 \times 3 + 9 \times 4)$$

$$= \dfrac{1}{20} \times 70$$

$$= \dfrac{7}{2}\,(3.5) \qquad \therefore 3.5 点$$

§ 整数の性質（数学と人間の活動）（詳解）

（問題83）

百の位の数が2，十の位の数が9である4桁の自然数がある。この自然数が5の倍数であり、かつ3の倍数でもあるとき、この自然数を求めよ。

解答　：　5の倍数は一の位が0か5である。

千の位の数をxとすると$1 \leqq x \leqq 9$

ⅰ．一の位が0のとき

$x + 2 + 9 + 0 = x + 11$

　　　　3 の倍数は、各位の数の和が 3 の倍数のときであるから

　　　　$1 \leq x \leq 9$ より　　［$x + 11$ が 3 の倍数］

　　　　　$x + 11 = 12,\ 15,\ 18$　　$x = 1,\ 4,\ 7$

　　　　よって、4 桁の自然数は　1290, 4290, 7290

　ⅱ．一の位が 5 のとき

　　　　$x + 2 + 9 + 5 = x + 16$

　　　ⅰ．と同様に考えると、　［$x + 16$ が 3 の倍数］

　　　　$x + 16 = 18,\ 21,\ 24$　　$x = 2,\ 5,\ 8$

　　　　よって、4 桁の自然数は　2295, 5295, 8295

　ⅰ．ⅱ．より、　　$\therefore$ 1290, 4290, 7290, 2295, 5295, 8295

（問題 84）

　最大公約数が 12，最小公倍数が 420 である 2 つの自然数の組を全て求めよ。

　解答：　求める 2 つの自然数を $a,\ b\ (a < b)$ とする。

　　　　最大公約数が 12 なので、互いに素な 2 つの数 $a',\ b'$ を用いて、

　　　　　$a = 12a',\quad b = 12b'$

　　　　と表せる。（$a' < b'$）

　　　　最小公倍数が 420 であるから、

　　　　　$420 = 12a'b'$

　　　　両辺を 12 で割ると

　　　　　$a'b' = 35$　　　　［$a' < b'$ に注意して］

　　　　これより、$(a',\ b') = (1,\ 35),\ (5,\ 7)$

　　　　よって、　$\therefore (a,\ b) = (12,\ 420),\ (60,\ 84)$

（問題 85）

　4 から 160 までのある整数が 2，3，5，7，11 で割り切れなければ、その数が素数であることを証明せよ。

　解答：　2，3，5，7，11 で割り切れない 4 から 160 までのある整数を N とする。

Nを素数でないと仮定すると、異なる素数 $p, q, r, \cdots\cdots$ を用いて

$\qquad$ N $= p^a \cdot q^b \cdot r^c \cdots\cdots$ $\quad$ ($a, b, c, \cdots\cdots$ は自然数)

と素因数分解できる。

Nは素数 2, 3, 5, 7, 11 で割り切れないので、

$p, q, r, \cdots\cdots$ は 13 以上の素数である。よって、

$\qquad$ N $= p^a \cdot q^b \cdot r^c \cdots\cdots \geq 13^2 = 169$

となるが、これは N が 4 から 160 までの整数であることに矛盾する。

したがって、N は素数である。

【一言アドバイス】

$\quad$ $p, q, r, \cdots\cdots$ は 13 以上の素数なので、例えば素数ではない N の候補としては、$13 \cdot 17$, $17^2 \cdot 19$ などいろいろ考えられますが、その中で最も小さいのが 13^2 です。

ちなみに素数ではない数のことを『合成数』と言います。

（問題 86）

$\quad$ n を整数とするとき、$n^3 + 5n$ が 6 の倍数になることを示せ。

解答： 連続する 2 整数はどちらかが偶数になるので、その積は 2 の倍数である。

$\qquad$ 連続する 3 整数は、その中のどれかが 3 の倍数になるので、その積は 3 の倍数になる。

$\qquad$ また、連続する 3 整数のうち少なくとも一つは偶数であるから、その積は 2 の倍数にもなる。

$\qquad$ よって、連続する 3 整数の積は 6 の倍数である。

$\qquad$ n を整数とするとき、連続する 3 整数を $(n-1), n, (n+1)$ とおく。

$\qquad$ 連続する 3 整数の積は 6 の倍数であるから、整数 k を用いて

$\qquad$ $(n-1)\,n\,(n+1) = 6k$

と表せる。これより、

$\qquad$ $n^3 + 5n = n(n^2 - 1) + 6n$ $\qquad$ ◁ $\boxed{(n-1)\,n\,(n+1) \text{ を作る}}$

$\qquad\qquad\qquad = (n-1)\,n\,(n+1) + 6n$

$$-6k + 6n$$
$$= 6(k + n)$$

$k + n$ は整数であるから、$n^3 + 5n$ は 6 の倍数である。

(問題 87)

360 の正の約数の個数を求めよ。

解答： 360 を素因数分解すると、$360 = 2^3 \times 3^2 \times 5$

よって約数の個数は、$(3 + 1)(2 + 1)(1 + 1) = 24$ ∴ 24 個

(問題 88)

1 から 50 までの 50 個の自然数の積 50! を計算すると、末尾には連続して何個の 0 が並ぶか求めよ。

解答： 50! を素因数分解したときの素因数 2 と素因数 5 をかけると、末尾に 0 が 1 個現れるが、素因数 2 と 5 の個数を比べると 5 の個数の方が少ないので、素因数 5 の個数が末尾に並ぶ 0 の個数になる。

5 の倍数の個数は、$50 \div 5 = 10$ より　　10 個

5^2 の倍数の個数は、$50 \div 25 = 2$ より　　2 個

よって、$10 + 2 = 12$ ∴ 12 個

【一言アドバイス】

$50! = 1 \times 2 \times 3 \times 4 \times 5 \times 6 \times \cdots \cdots \times 10 \times \cdots \cdots \times 49 \times 50$ には、5 が $5 \times 1,\ 5 \times 2,\ 5 \times 3,\ \cdots \cdots,\ 5 \times 10$ と 5 の倍数分の個数がかけられていますが、更にそれ以外に 25 の倍数の 25 と 50 には、$25 = 5 \times 5,\ 50 = 5 \times 5 \times 2$ ともう 1 個ずつ 5 がかけられています。

その分も数えるために、5^2 の倍数の個数も求めなければなりません。

(問題 89)

n を整数とするとき、$n^3 + 8n$ が 3 の倍数であることを余りによる分類で示せ。

解答： k を整数とする。

 ⅰ．$n = 3k$ のとき

$$n^3 + 8n = (3k)^3 + 8 \times 3k$$
$$= 27k^3 + 8 \times 3k$$
$$= 3(9k^3 + 8k)$$

k は整数なので、$9k^3 + 8k$ も整数である。

よって、$3(9k^3 + 8k)$ は 3 の倍数である。 $\lhd$ 3 × (整数) は 3 の倍数

 ⅱ．$n = 3k + 1$ のとき

$$n^3 + 8n = (3k + 1)^3 + 8(3k + 1)$$ $\lhd$ $(a+b)^3 = a^3 + 3a^2b + 3ab^2 + b^3$
$$= 27k^3 + 27k^2 + 9k + 1 + 24k + 8$$
$$= 3(9k^3 + 9k^2 + 11k + 3)$$

k は整数なので、$9k^3 + 9k^2 + 11k + 3$ も整数である。

よって、$3(9k^3 + 9k^2 + 11k + 3)$ は 3 の倍数である。

 ⅲ．$n = 3k + 2$ のとき

$$n^3 + 8n = (3k + 2)^3 + 8(3k + 2)$$ $\lhd$ $(a+b)^3 = a^3 + 3a^2b + 3ab^2 + b^3$
$$= 27k^3 + 54k^2 + 36k + 8 + 24k + 16$$
$$= 3(9k^3 + 18k^2 + 20k + 8)$$

k は整数なので、$9k^3 + 18k^2 + 20k + 8$ も整数である。

よって、$3(9k^3 + 18k^2 + 20k + 8)$ は 3 の倍数である。

したがって、ⅰ．ⅱ．ⅲ．より n を整数とするとき、

$n^3 + 8n$ は 3 の倍数である。

（問題 90）

 合同式を利用して、4^{50} を 15 で割った余りを求めよ。

解答： $4^{50} = (4^2)^{25}$ $\lhd$ $4, 4^2, 4^3, \cdots\cdots$ と調べていって 15 で割って 1 余る数を見つける
$$= (16)^{25}$$

$16 \equiv 1 \pmod{15}$ より

$$(16)^{25} \equiv 1^{25} \pmod{15}$$
$$(16)^{25} \equiv 1 \pmod{15}$$

よって、4^{50} を 15 で割った余りは 1 である。

（別解）　※合同式を用いない解答

$4^{50} = (4^2)^{25} = (16)^{25} = (15+1)^{25}$

（吹き出し）
$16^{25} = 15 \times$（整数）$+ 1$ より
$16^{25} \div 15 =$（整数）余り 1

二項定理を用いると、

$(15+1)^{25} = 15^{25} + {}_{25}C_1 15^{24} \cdot 1 + {}_{25}C_2 15^{23} \cdot 1^2 + \cdots\cdots + {}_{25}C_{24} 15 \cdot 1^{24} + 1^{25}$

$= 15(15^{24} + {}_{25}C_1 15^{23} \cdot 1 + {}_{25}C_2 15^{22} \cdot 1^2 + \cdots\cdots + {}_{25}C_{24} 1^{24}) + 1$

よって、4^{50} を 15 で割った余りは 1 である。

（問題 91）

a, b を整数とするとき、等式 $(3a-1)(2b-3) = 30$ を満たす
(a, b) の組を全て求めよ。

解答：　a, b は整数であるから、$3a-1, 2b-3$ も整数である。

$2b-3$ が奇数であることをふまえて考えると、

（吹き出し）（整数）×（整数）$= 30$ なので

$(3a-1, 2b-3) = (30, 1), (10, 3), (6, 5), (2, 15), (-30, -1),$
$(-10, -3), (-6, -5), (-2, -15)$

順に a が整数になるか調べる。　（吹き出し）調べる作業

$3a-1 = 2, \quad -10$ のとき、$a = 1, -3$

このとき

$2b-3 = 15, \quad -3$ より、$b = 9, 0$

よって、　$\therefore (a, b) = (1, 9), (-3, 0)$

（問題 92）

方程式 $17x - 23y = 1$ の全ての整数解を求めよ。

解答：ユークリッドの互除法より、

$23 = 17 \times 1 + 6$ 　移項して　$6 = 23 - 17 \times 1$
$17 = 6 \times 2 + 5$ 　移項して　$5 = 17 - 6 \times 2$
$6 = 5 \times 1 + 1$ 　移項して　$1 = 6 - 5 \times 1$

これより、$1 = 6 - 5 \times 1$
$= (23 - 17 \times 1) - (17 - 6 \times 2) \times 1$
$= 23 - 17 \times 2 + 6 \times 2$
$= 23 - 17 \times 2 + (23 - 17 \times 1) \times 2$
$= 17 \times (-4) - 23 \times (-3)$

よって、$x = -4,\ y = -3$ は、$17x - 23y = 1$ の整数解の一つである。

$17x - 23y = 1$ …… ① 　　$17 \cdot (-4) - 23 \cdot (-3) = 1$ ……②

①－②より、　$17(x + 4) - 23(y + 3) = 0$

$$17(x + 4) = 23(y + 3) \quad …… ③$$

17 と 23 は互いに素であるから、③のすべての整数解は、

　$x + 4 = 23k,\qquad y + 3 = 17k$ 　　（k は整数）

したがって、求める全ての整数解は、

$$\therefore\ x = 23k - 4,\qquad y = 17k - 3\quad（k は整数）$$

§ 平面図形（詳解）

(問題 94)

円に内接する台形は等脚台形になることを示せ。

解答： 右図のように円に内接する AD ∥ BC の台形を
ABCD として、台形 ABCD に対角線 BD を引く。
AD ∥ BC より錯角が等しいので、
　∠ADB = ∠CBD
等しい円周角に対する弧の長さは等しいので、
　$\overset{\frown}{AB} = \overset{\frown}{CD}$
よって、AB = CD となり、等脚台形になる。

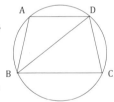

(問題 95)

△ABC について、AB=10、BC=12、CA=7
内接円の中心を I、A から I を通る直線を引き、
BC との交点を D とする。
このとき、BD の長さを求めよ。

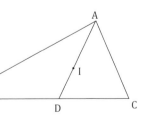

解答 ： 直線 AD は内心 I を通るので、∠ BAC の二等分線であるから

BD : CD = AB : AC =10 : 7 が成り立つ。

よって、BD = $12 \times \dfrac{10}{10+7} = \dfrac{120}{17}$ ∴ $\dfrac{120}{17}$

【一言アドバイス】

最後の BD を求める式がよくわからなければ、

BD : CD = 10 : 7　より BD : BC = 10 : (10 + 7)= x : 12

これより $17x = 120$　　∴ $x = \dfrac{120}{17}$　と求める手もあります。

（問題 96）

円に外接する四角形 ABCD において、

AB + CD = DA + BC が成り立つことを示せ。

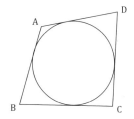

解答 ： 右図のように、四角形 ABCD と円との接点を

P，Q，R，S とおく。

円外の点から円に引いた 2 本の接線の長さ
は等しいから、

AP=AS，BP=BQ，CR=CQ，DR=DS

これより、AB + CD = （AP + BP） + （CR + DR）

$$= AS + BQ + CQ + DS$$

$$= （DS + AS） + （BQ + CQ）$$

$$= DA + BC \quad \text{よって、等式は成り立つ。}$$

（問題 97）

各面が正五角形である正多面体の面の数を答えよ。

また、各面が正五角形である正多面体は、これ以外にないことを示せ。

解答 ： 各面が正五角形である正多面体は、正十二面体である。　∴ 面の数 12

正十二面体は、1つの頂点に3つの正五角形が集まってできている。

正五角形の1つの内角は108°なので、108°×3=324°＜360° であるが、108°×4=432°＞360° になるので、1つの頂点に4つ以上の正五角形が集まることはできない。

よって、各面が正五角形である正多面体は、正十二面体以外にはない。

【一言アドバイス】

当たり前のことですが、1つの頂点に2つ以下の正五角形を集めた図形では、空間が閉じないため凸多面体は作れません。

（問題 98）

底面の△BCD が BC=BD の二等辺三角形である

三角錐 ABCD において、A から

平面 BCD に垂線を引き

その足を O とする。

O が∠CBD の二等分線 BE 上に

あるとき、AE⊥CD であることを

示せ。

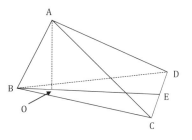

解答 ： CD は平面 BCD 上にあるので、AO⊥平面 BCD より、AO⊥CD …… ①

平面 BCD 上の任意の線分と AO は垂直

BC=BD，∠CBE=∠DBE，BE=BE より2辺挟角相等であるから、

△CBE≡△DBE

2 組の辺とその間の角がそれぞれ等しい

これより、∠CEB=∠DEB=90°

すなわち、BE⊥CD …… ②

点 O は BE 上の点なので

AO，BE はともに平面 ABE 上にあるので、①，②より

平面 ABE⊥CD　　よって、AE⊥CD が成り立つ。

平面 ABE 上の任意の線分と CD は垂直

「二等辺三角形の頂角の二等分線は底辺と垂直に交わる」ことは、
中学数学でも明らかなので、②の証明部分はもっと簡略して書いても良いです。

(問題 99)

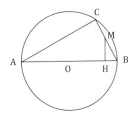

△ ABC において、AB=6, BC=4 とする。
また BC の中点を M とし、M から AB に下ろ
した垂線の足を H とする。△ ABC の外心 O
が AB 上にあるとき、線分 MH の長さを求めよ。

解答： 外心 O が AB 上にあることから、AB は外接円の直径になるので、

∠ ACB = 90°である。

> 中心角が 180°なので

△ ABC において三平方の定理より、

$$AC^2 = AB^2 - BC^2 = 6^2 - 4^2 = 20$$

AC>0 より　　AC=2$\sqrt{5}$

> ∠ B が共通,
> ∠ ACB = ∠ MHB = 90°
> より二角がそれぞれ等しい

△ MBH ∽△ ABC であるから、

MH : AC = MB : AB

MH : 2$\sqrt{5}$ = 2 : 6

よって、MH = $\dfrac{2\sqrt{5}}{3}$　　　∴ MH = $\dfrac{2\sqrt{5}}{3}$

(別解)　※三角比を用いた解答

外心 O が AB 上にあることから、AB は外接円の直径になるので、

∠ ACB = 90°である。

これより　$\cos B = \dfrac{BC}{AB} = \dfrac{4}{6} = \dfrac{2}{3}$

> 直角三角形の三角比の定義

$\sin^2 B = 1 - \cos^2 B$

　　　　　$= 1 - \left(\dfrac{2}{3}\right)^2 = \dfrac{5}{9}$　　$\sin B > 0$ より　$\sin B = \dfrac{\sqrt{5}}{3}$ …… ①

△ MHB において、$\sin B = \dfrac{MH}{MB}$

よって①より $\dfrac{\sqrt{5}}{3} = \dfrac{MH}{2}$　　これより　∴ MH = $\dfrac{2\sqrt{5}}{3}$

(問題 100)

円 O に弦 AB と点 A における接線 AT を引く。∠BAM = ∠TAM となるように A から弦 AM を引くと、点 M は∠BAT 内の $\overset{\frown}{AB}$ の中点になることを示しなさい。

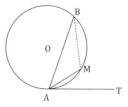

解答 : 　仮定より∠BAM = ∠TAM …… ①

接弦定理より∠ABM = ∠TAM …… ②

①, ②より、　∠BAM = ∠ABM

よって、△AMB は AM=BM の二等辺三角形であるから、

$\overset{\frown}{AM} = \overset{\frown}{BM}$ 　　したがって、点 M は $\overset{\frown}{AB}$ の中点である。

（数Ⅱ）

§ 二項定理（詳解）

（問題 101）

$(x^2 - 2x + 3)^6$ の展開式における x^7 の係数を求めよ。

解答： p, q, r を 0 以上 6 以下の自然数とするとき、多項定理より

$(x^2 - 2x + 3)^6$ の展開式における一般項は

$$\frac{6!}{p!q!r!} \cdot (x^2)^p \cdot (-2x)^q \cdot 3^r \quad (p + q + r = 6)$$

と表せる。

$(ab)^m = a^m b^m$

$$\frac{6!}{p!q!r!} \cdot (x^2)^p \cdot (-2x)^q \cdot 3^r = \frac{6!}{p!q!r!} \cdot (-2)^q \cdot 3^r \cdot x^{2p} \cdot x^q$$

$a^m a^n = a^{m+n}$

$$= \frac{6!}{p!q!r!} \cdot (-2)^q \cdot 3^r \cdot x^{2p+q} \quad \cdots\cdots ①$$

x^7 の係数を求めるので、$2p + q = 7$ である。

p に 0 から 6 を代入

この式と、$p + q + r = 6$, $0 \le p \le 6$, $0 \le q \le 6$, $0 \le r \le 6$ より

$(p, q, r) = (1, 5, 0), (2, 3, 1), (3, 1, 2)$

①に代入して、

$$\frac{6!}{1!5!0!} \cdot (-2)^5 \cdot 3^0 \cdot x^7 + \frac{6!}{2!3!1!} \cdot (-2)^3 \cdot 3^1 \cdot x^7 + \frac{6!}{3!1!2!} \cdot (-2)^1 \cdot 3^2 \cdot x^7$$

$$= \{6 \cdot (-32) \cdot 1 + 60 \cdot (-8) \cdot 3 + 60 \cdot (-2) \cdot 9\} x^7$$

$$= (-192 - 1440 - 1080)x^7$$

$$= -2712x^7 \qquad よって、x^7 の係数は \qquad \therefore -2712$$

（問題 102）

$_nC_0 + 2_nC_1 + 2^2{}_nC_2 + \cdots + 2^n{}_nC_n = 3^n$ が成り立つことを証明せよ。

解答： 二項定理より、

$$(1 + x)^n = {}_nC_0 \cdot 1^n + {}_nC_1 \cdot 1^{n-1} \cdot x + {}_nC_2 \cdot 1^{n-2} \cdot x^2 + \cdots + {}_nC_n \cdot x^n$$

$$= {}_nC_0 + {}_nC_1 \cdot x + {}_nC_2 \cdot x^2 + \cdots + {}_nC_n \cdot x^n$$

が成り立つ。

$x = 2$ を代入すると、

$$(2+1)^n = {}_nC_0 + {}_nC_1 \cdot 2 + {}_nC_2 \cdot 2^2 + \cdots + {}_nC_n \cdot 2^n$$

$$3^n = {}_nC_0 + 2{}_nC_1 + 2^2{}_nC_2 + \cdots + 2^n{}_nC_n$$

よって、等式は成り立つ。

【一言アドバイス】

二項定理を用いて証明するこのような問題では、$(1+x)^n$　もしくは $(x+1)^n$ を二項定理で展開した式を利用する場合が多いです。

特に展開する式の指示がないときは、まずこれらの式を使ってみましょう。

§ 等式、不等式の証明（詳解）

(問題 103)

不等式　$|a+b| \leq |a| + |b|$　を証明せよ。

解答：　$(|a|+|b|)^2 - |a+b|^2$

$= a^2 + 2|a||b| + b^2 - (a^2 + 2ab + b^2)$ 　　$|A|^2 = A^2$

$= 2(|ab| - ab) \geq 0$ 　$(\because |ab| \geq ab)$ 　　$|a||b| = |ab|$

よって、$|a+b|^2 \leq (|a|+|b|)^2$

ここで $|a+b| \geq 0,$ 　$|a|+|b| \geq 0$ であるから、

不等式　$|a+b| \leq |a| + |b|$　が成り立つ。

$(|ab| \geq ab$ について)
例えば　$|3| = 3$
　　　　$|-3| > -3$

(問題 104)

$a > 0,$ 　$b > 0$ とするとき、二重根号の公式

$$\sqrt{(a+b) + 2\sqrt{ab}} = \sqrt{a} + \sqrt{b}$$ 　を示せ。

解答：　$\sqrt{(a+b) + 2\sqrt{ab}}^2 - (\sqrt{a} + \sqrt{b})^2$

$= (a+b) + 2\sqrt{ab} - (a + 2\sqrt{ab} + b) = 0$

よって、$\sqrt{(a+b) + 2\sqrt{ab}}^2 = (\sqrt{a} + \sqrt{b})^2$

$$\sqrt{(a+b)+2\sqrt{ab}} > 0, \quad \sqrt{a}+\sqrt{b} > 0 \text{ であるから、}$$

$$\sqrt{(a+b)+2\sqrt{ab}} = \sqrt{a}+\sqrt{b} \text{ が成り立つ。}$$

(問題 105)

$x \neq 0$ とするとき、関数 $y = x^2 + \dfrac{9}{x^2}$ の最小値を求めよ。

解答： $x^2 \geq 0,\quad \dfrac{9}{x^2} \geq 0$ であるから、相加相乗平均の大小関係より、

$$y = x^2 + \frac{9}{x^2} \geq 2\sqrt{x^2 \cdot \frac{9}{x^2}}$$

$$y \geq 6$$

> $x^4 = 9$ で
> $x^2 \geq 0$ より $x^2 = 3$
> よって、$x = \pm\sqrt{3}$

等号成立は $x^2 = \dfrac{9}{x^2}$ すなわち $x = \pm\sqrt{3}$ のときである。

したがって、$x = \pm\sqrt{3}$ のとき 最小値 6 をとる。

(問題 106)

$a > 0,\ b > 0$ のとき、不等式 $\left(a + \dfrac{4}{b}\right)\left(b + \dfrac{9}{a}\right) \geq 25$ を証明せよ。

また、ここで等号が成り立つのはどんなときか。

解答： $\left(a + \dfrac{4}{b}\right)\left(b + \dfrac{9}{a}\right) = ab + \dfrac{36}{ab} + 13 \ \cdots\cdots\ ①$

$a > 0,\ b > 0$ より、相加相乗平均の大小関係を用いると

$$ab + \frac{36}{ab} \geq 2\sqrt{ab \cdot \frac{36}{ab}}$$

$$ab + \frac{36}{ab} \geq 12$$

両辺に 13 を加えると、

$$ab + \frac{36}{ab} + 13 \geq 12 + 13 = 25$$

よって①より $\left(a + \dfrac{4}{b}\right)\left(b + \dfrac{9}{a}\right) \geq 25$ が成り立つ。

等号成立は、$ab = \dfrac{36}{ab}$ すなわち、$ab = 6\ (ab > 0\ \text{より})$ のときである。

> $(ab)^2 = 36,\quad ab > 0$
> よって、$ab = 6$

（問題 107）

$\dfrac{1}{x}+\dfrac{1}{y}+\dfrac{1}{z}=\dfrac{1}{x+y+z}$　のとき　$(x+y)(y+z)(z+x)=0$ が成り立つことを示せ。

解答：　$(x+y)(y+z)(z+x)=0$ の左辺を展開すると、

$(x+y)(y+z)(z+x)=(y+z)\{x^2+(y+z)x+yz\}$

$=(y+z)x^2+(y+z)^2x+yz(y+z)$ …… ①

ここで　$\dfrac{1}{x}+\dfrac{1}{y}+\dfrac{1}{z}=\dfrac{1}{x+y+z}$　より

$\dfrac{yz+zx+xy}{xyz}=\dfrac{1}{x+y+z}$　　　左辺を通分

$(x+y+z)(yz+zx+xy)=xyz$

$\{x+(y+z)\}\{(y+z)x+yz\}=xyz$

$(y+z)x^2+(y+z)^2x+yz(y+z)+xyz=xyz$

$(y+z)x^2+(y+z)^2x+yz(y+z)=0$

①より、　$(x+y)(y+z)(z+x)=0$　よって、等式は成り立つ。

【一言アドバイス】

何も考えずに、等式の左辺を展開し、分母を払って条件式も展開して、お互いの式を比べて証明することもできますが、項が多いためミスしやすくなります。
そのため、まずは等式の左辺を展開し、x について降べきの順に並べておいて、それに合わせて条件式を変形して証明しました。

§ 整式の割り算・分数式（詳解）

（問題 108）

関数 $y=\dfrac{x^2-4x+7}{x-2}$　$(x>2)$　の最小値と、そのときの x の値を求めよ。

解答：　$(x^2-4x+7)\div(x-2)=x-2$ あまり 3　より

関数の式を変形する。

$y=\dfrac{x^2-4x+7}{x-2}$

$$= \frac{(x-2)^2 + 3}{x-2}$$

$$= x - 2 + \frac{3}{x-2}$$

$x > 2$ より、$x - 2 > 0$ であるから、相加相乗平均の大小関係より

$$y = x - 2 + \frac{3}{x-2} \geq 2\sqrt{(x-2) \cdot \frac{3}{x-2}}$$

$$y \geq 2\sqrt{3} \qquad \text{よって、最小値は } 2\sqrt{3}$$

等号成立は、$x - 2 = \dfrac{3}{x-2}$ すなわち $(x-2)^2 = 3$

$x - 2 > 0$ より、$x - 2 = \sqrt{3}$ よって、$x = 2 + \sqrt{3}$

$\therefore x = 2 + \sqrt{3}$ のとき最小値 $2\sqrt{3}$

（問題 109）

$x^{23} - 8$ を $x^2 - 1$ で割ったときの余りを求めよ。

解答： $x^{23} - 8$ を $x^2 - 1$ で割ったときの商を $Q(x)$, 余りを $ax + b$ とおく。

$x^{23} - 8 = (x^2 - 1) Q(x) + ax + b$

> 2次式で割ったので、余りは1次式以下

$x^{23} - 8 = (x - 1)(x + 1) Q(x) + ax + b$

$x = 1$ を代入すると、 $-7 = a + b$ …… ①

$x = -1$ を代入すると、$-9 = -a + b$ …… ②

①，②より、 $a = 1$, $b = -8$ よって、 $\therefore$ 余りは $x - 8$

§ 複素数・解と係数の関係・高次方程式（詳解）

（問題 110）

$\dfrac{1}{(1-i)^3}$ を計算して、$a + bi$ (a, b は実数) の形に表せ。

解答： $\dfrac{1}{(1-i)^3} = \dfrac{1}{1 - 3i - 3 + i}$

$$= \frac{1}{-2(1+i)}$$

> 分母・分子に $1 - i$ をかける

$$= -\frac{1}{2} \cdot \frac{1-i}{(1+i)(1-i)}$$

$$= -\frac{1}{2} \cdot \frac{1-i}{1^2 - i^2}$$

$(A + B)(A - B) = A^2 - B^2$

$$= -\frac{1}{4}(1-i) \qquad \text{よって、} \quad \therefore -\frac{1}{4} + \frac{1}{4}i$$

（問題 111）

3 次方程式 $x^3 + ax^2 + bx - 20 = 0$ が、$x = 3+i$ を解に持つとき、他の 2 解を求めよ。ただし、a, b は実数とする。

解答： 3 次方程式 $x^3 + ax^2 + bx - 20 = 0$ …… ① とする

$x = 3+i$ が解であるので共役な複素数 $x = 3-i$ も、①の解である。

$(3+i)+(3-i)=6, \quad (3+i)(3-i)=10$

であるから、解と係数の関係より、$3+i, \ 3-i$ を解とする二次方程式の一つは、

$x^2 - 6x + 10 = 0$ である。

①のもう一つの解を α とすると、①の左辺は

$x^3 + ax^2 + bx - 20 = (x^2 - 6x + 10)(x - \alpha)$ と因数分解できる。

この式の右辺を展開すると、

$x^3 + ax^2 + bx - 20 = x^3 - (\alpha + 6)x^2 + (6\alpha + 10)x - 10\alpha$

両辺の係数を比べると、

$a = -(\alpha + 6), \quad b = 6\alpha + 10, \quad -20 = -10\alpha$

これより、 $\alpha = 2, \quad a = -8, \quad b = 22$

よって、他の解は $\quad \therefore x = 3 - i, \ x = 2$

【一言アドバイス】

前半は解と係数の関係を用いずに、$x = 3+i$ より、$(x-3)^2 = i^2$ この式を整理して $x = 3+i$ が解となる二次方程式 $x^2 - 6x + 10 = 0$ を作る方法もあります。

（問題 112）

$m > 1$ とし、x の二次方程式 $x^2 - 2mx + m + 3 = 0$ の 2 つの解を $\alpha, \ \beta$ とする。

$\alpha + p, \ \beta + p$ を 2 つの解とする二次方程式が $x^2 - 3mx + 4m + 2 = 0$ になるとき、$m, \ p$ の値を求めよ。

解答： $x^2 - 2mx + m + 3 = 0$ において解と係数の関係より

$\alpha + \beta = 2m, \quad \alpha\beta = m + 3$ …… ①

$x^2 - 3mx + 4m + 2 = 0$ において解と係数の関係より

$(\alpha + p) + (\beta + p) = 3m, \ (\alpha + p)(\beta + p) = 4m + 2$ …… ②

①を②に代入すると、

$2m + 2p = 3m, \qquad \alpha\beta + (\alpha + \beta)p + p^2 = 4m + 2$

$2p = m$ …… ③ $\qquad (m + 3) + 2mp + p^2 = 4m + 2$ …… ④

④に③を代入して整理すると、

$2p + 3 + 4p^2 + p^2 = 8p + 2$

$5p^2 - 6p + 1 = 0$

$(5p - 1)(p - 1) = 0 \qquad p = 1, \quad \dfrac{1}{5}$

$p = 1$ のとき③より、 $m = 2$

$p = \dfrac{1}{5}$ のとき③より、 $m = \dfrac{2}{5}$

よって、$m > 1$ より $\qquad\qquad \therefore m = 2, \quad p = 1$

（問題 113）

組立除法を用いて、$(x^3 - 11x - 6) \div (x + 3)$ の商と余りを求めよ。

解答：

1	0	-11	-6	$\boxed{-3}$
	$-3 \cdot 1$	$(-3) \cdot (-3)$	$(-3) \cdot (-2)$	
1	-3	-2	$\boxed{0}$	

$\therefore$ 商 $x^2 - 3x - 2$, 余り 0

（問題 114）

三次方程式 $ax^3 + bx^2 + cx + d = 0$ の解を α, β, γ とすると、この三次方程式は、$a(x - \alpha)(x - \beta)(x - \gamma) = 0$ と表せる。この方程式の左辺を展開することで、三次方程式の解と係数の関係の公式を作りなさい。

解答： $a(x - \alpha)(x - \beta)(x - \gamma) = a\{x^2 - (\alpha + \beta)x + \alpha\beta\}(x - \gamma)$

$= a\{x^3 - (\alpha + \beta + \gamma)x^2 + (\alpha\beta + \beta\gamma + \gamma\alpha)x - \alpha\beta\gamma\}$

$= ax^3 - (\alpha + \beta + \gamma)ax^2 + (\alpha\beta + \beta\gamma + \gamma\alpha)ax - \alpha\beta\gamma a$

$ax^3 + bx^2 + cx + d = 0$ の左辺の係数と比較すると、

$-(\alpha + \beta + \gamma)a = b, \ (\alpha\beta + \beta\gamma + \gamma\alpha)a = c, \ -\alpha\beta\gamma a = d$

よって、$\alpha + \beta + \gamma = -\dfrac{b}{a}$, $\alpha\beta + \beta\gamma + \gamma\alpha = \dfrac{c}{a}$, $\alpha\beta\gamma = -\dfrac{d}{a}$

§ 図形と方程式（詳解）

（問題 115）

直線 $y = -2x + 2$ が円 $x^2 + y^2 = 16$ によって切り取られる弦の長さを求めよ。

解答： 右図のように弦の両端を A, B とする。

O から AB に下ろした垂線の足を H とすると、

AB=2AH である。 $\boxed{\triangle \text{OAH} \equiv \triangle \text{OBH}}$

OH は O と $y = -2x + 2$ との距離であるから、

$$OH = \frac{|2 \times 0 + 1 \times 0 - 2|}{\sqrt{2^2 + 1^2}} = \frac{2}{\sqrt{5}}$$

$\boxed{\begin{array}{l} y = -2x + 2 \text{ から} \\ 2x + y - 2 = 0 \end{array}}$

$\triangle$ OAH において三平方の定理より、

$$AH^2 = OA^2 - OH^2 = 4^2 - \left(\frac{2}{\sqrt{5}}\right)^2 \quad \boxed{\text{OA は円の半径}}$$

$$= 16 - \frac{4}{5}$$

$$= \frac{76}{5}$$

$\boxed{\dfrac{\sqrt{76}}{\sqrt{5}} = \dfrac{2\sqrt{19}\sqrt{5}}{5} = \dfrac{2\sqrt{95}}{5}}$

AH>0 より $\quad AH = \dfrac{\sqrt{76}}{\sqrt{5}} = \dfrac{2\sqrt{95}}{5}$

よって、$AB = 2AH = \dfrac{4\sqrt{95}}{5}$ $\quad$ ∴ 弦の長さ $\dfrac{4\sqrt{95}}{5}$

（問題 116）

直線 $y = ax + 3$ が円 $x^2 + y^2 = 1$ の接線になるように、a の値を定めよ。また、このときの接点を求めよ。ただし、$a > 0$ とする。

解答： 直線 $y=ax+3$ は円 $x^2+y^2=1$ の接線で
あるから、円の中心（原点）と直線の距離が
半径に等しい。

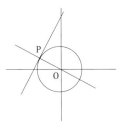

$$d= \frac{|a \cdot 0 - 0 + 3|}{\sqrt{a^2 + (-1)^2}} =1 \ （半径）$$

これより、$\sqrt{a^2 + 1} = 3$

$a^2 = 8$ $a > 0$ より $\therefore a = 2\sqrt{2}$

接点を P とすると、直線 OP は直線 $y=2\sqrt{2}x+3$
に垂直で原点を通る直線であるから、その式は

OP： $y = -\dfrac{1}{2\sqrt{2}}x$

> 垂直条件より
> $2\sqrt{2}m = -1$
> $m = -\dfrac{1}{2\sqrt{2}}$

$$\begin{cases} y = 2\sqrt{2}x + 3 \\ y = -\dfrac{1}{2\sqrt{2}}x \end{cases} \quad より \quad 2\sqrt{2}x + 3 = -\dfrac{1}{2\sqrt{2}}x$$

$$8x + 6\sqrt{2} = -x$$

> 両辺 $\times 2\sqrt{2}$

$$x = -\frac{2\sqrt{2}}{3}$$

このとき、$y = -\dfrac{1}{2\sqrt{2}} \cdot \left(-\dfrac{2\sqrt{2}}{3}\right) = \dfrac{1}{3}$ $\therefore$ 接点 $\left(-\dfrac{2\sqrt{2}}{3}, \ \dfrac{1}{3}\right)$

（中心が原点にある円の接線の公式）

円 $x^2 + y^2 = r^2$ 上の点 $P(x_1, y_1)$ におけるこの接線の方程式は

$x_1 x + y_1 y = r^2$

（別解） ※中心が原点にある円の接線の公式を用いた解法

接点を $P(s, t)$ とおくと、点 P における接線の方程式は

  $sx + ty = 1$

この式は $t=0$ のとき $sx=1$ となり、

$y=ax+3$ のグラフにはならないので $t \neq 0$ である。

両辺を t で割り、y について解くと、

$$y = -\frac{s}{t}x + \frac{1}{t}$$

直線 $y=ax+3$ は円の接線であるから、傾きと切片を比較すると、

$$-\frac{s}{t}=a \ \cdots\cdots ① , \qquad \frac{1}{t}=3 \ \cdots\cdots ②$$

② より $t=\dfrac{1}{3}$ $\cdots\cdots$ ③

点 P は円上の点であるから、$s^2+t^2=1$

③を代入 $s^2+\left(\dfrac{1}{3}\right)^2=1$

$$s^2=\frac{8}{9}$$

① と $a>0$ より $s<0$

よって、 $s=-\dfrac{2\sqrt{2}}{3}$

$s=-\dfrac{2\sqrt{2}}{3}$, $t=\dfrac{1}{3}$ を①に代入して

$a=-\dfrac{-\frac{2\sqrt{2}}{3}}{\frac{1}{3}}=2\sqrt{2}$ よって $\therefore a=2\sqrt{2},$ 接点 $\left(-\dfrac{2\sqrt{2}}{3}, \ \dfrac{1}{3}\right)$

【一言アドバイス】

もちろんこの問題については、直線と円の方程式を連立してすぐに二次方程式が作れますので、普通に判別式を使って解いても構いません。
ただ、直線や円の方程式がもっと複雑になったときには、上の最初の解法が有効です。

(問題 117)

2 点 A $(2, 0)$, B $(6, 2)$ とするとき、線分 AB を $t:1-t$ に内分する点を求めよ。

ただし、$0<t<1$ とする。

解答 : 内分点の公式より、$\left(\dfrac{2(1-t)+6t}{t+(1-t)}, \ \dfrac{2t}{t+(1-t)}\right)$

$\therefore (4t+2, \ 2t)$

(問題 118)

△ABC において、辺 BC を $1:2$ の比に内分する点を D とすると、
$2AB^2+AC^2=3(AD^2+2BD^2)$ であることを証明せよ。

解答 ： A(x, y), B$(-c, 0)$, C$(2c, 0)$, D$(0, 0)$

とおく。

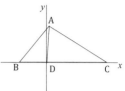

D は BC を 1：2 に内分するので

$2AB^2 + AC^2 = 2\{(x+c)^2 + y^2\} + \{(x-2c)^2 + y^2\}$

$\qquad\qquad = 3x^2 + 3y^2 + 6c^2$

$3(AD^2 + 2BD^2) = 3\{(x^2 + y^2) + 2(-c)^2\}$

$\qquad\qquad = 3x^2 + 3y^2 + 6c^2$

したがって、$2AB^2 + AC^2 = 3(AD^2 + 2BD^2)$

が成り立つ。

（問題 119）

$y = -2x + 3$ と原点との距離を求めよ。

解答 ： 点と直線の距離の公式より、

$y = -2x + 3$ より
$2x + y - 3 = 0$

$d = \dfrac{|2 \cdot 0 + 0 - 3|}{\sqrt{2^2 + 1^2}} = \dfrac{3}{\sqrt{5}} \qquad \therefore \dfrac{3\sqrt{5}}{5}$

（問題 120）

円 $x^2 + y^2 + 4x - 6y + 9 = 0$ の中心の座標と半径を答えよ。

解答 ： $(x+2)^2 - 4 + (y-3)^2 - 9 + 9 = 0$

$\qquad (x+2)^2 + (y-3)^2 = 4 \qquad \therefore$ 中心 $(-2, 3)$，半径 2

（問題 121）

円 $x^2 + y^2 = 1$ と円 $x^2 + y^2 - 2x + 4y + 5 - a^2 = 0$ が接するときの

a の値を求めよ。ただし、$a > 0$ とする。

解答 ： 円 $x^2 + y^2 - 2x + 4y + 5 - a^2 = 0$ の中心と半径を求める。

$\qquad (x-1)^2 + (y+2)^2 = a^2$ より、中心 $(1, -2)$， 半径 a

$\qquad$ 2 円の中心間の距離は、$\sqrt{1^2 + (-2)^2} = \sqrt{5}$

2 円が外接するとき　$a + 1 = \sqrt{5}$

これより $a = \sqrt{5} - 1$

2 円が内接するとき　$a - 1 = \sqrt{5}$

これより $a = \sqrt{5} + 1$

$$\therefore a = \sqrt{5} \pm 1$$

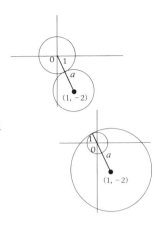

（問題 122）

点 A $(-6, 0)$ と円　$x^2 + y^2 = 16$ 上の点 P を結ぶ線分 AP の中点を Q と
する。P がこの円上を動くとき、点 Q の軌跡を求めよ。

解答：　Q (x, y), P (s, t) とおく。

P は円上の点であるから、

$$s^2 + t^2 = 16 \cdots\cdots ①$$

Q は線分 AP の中点であるから、

$$x = \frac{-6 + s}{2}, \quad y = \frac{0 + t}{2}$$

これより　$s = 2x + 6, \quad t = 2y$

①に代入すると、

$$(2x + 6)^2 + (2y)^2 = 16$$

$$\{2(x + 3)\}^2 + 2^2 y^2 = 16$$

$$2^2 (x + 3)^2 + 2^2 y^2 = 16$$

両辺を 4 で割ると

$$(x + 3)^2 + y^2 = 4 \cdots\cdots ②$$

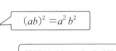

$(ab)^2 = a^2 b^2$

展開せずに 4 をくくり出すと
楽に求められる。

逆に、円②上の任意の点は、条件を満たす。

よって、求める軌跡は、中心が $(-3, 0)$、半径が 2 の円である。

【一言アドバイス】

曲線上の点を (s, t)、求める軌跡上の任意の点を (x, y) とおき、s, t, x, y の式か
ら s, t を消去し、x, y の関係式を導くことがポイントとなります。

（問題 123）

　a が変化するとき、放物線 $y = x^2 - 2(a+1)x + 2a - 3$ の頂点の軌跡を求めよ。

　解答：　$y = x^2 - 2(a+1)x + 2a - 3$

　　　　　$= \{x - (a+1)\}^2 - (a+1)^2 + 2a - 3$

　　　　　$= \{x - (a+1)\}^2 - a^2 - 4$　　　頂点 $(a+1, \ -a^2 - 4)$

　　　$x = a+1, \ y = -a^2 - 4$ とする。

　　　$x = a+1$ より、$a = x - 1$

　　　これを $y = -a^2 - 4$ に代入して a を消去すると、

　　　$y = -(x-1)^2 - 4$

　　　　$= -x^2 + 2x - 5$

　　　よって、求める軌跡は　放物線　$y = -x^2 + 2x - 5$ である。

（問題 124）

　不等式 $(x-3)^2 + y^2 > 9$ の表す領域を図示せよ。また、中心の座標を代入して、それが正しいことを確認せよ。

　解答：

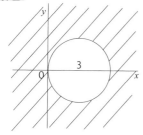

不等式の表す領域は、左図の斜線部分。

ただし、境界線は含まない。

中心 $(3, \ 0)$ を不等式に代入すると、

　　　$(3-3)^2 + 0^2 > 9$

　　　　　　　　$0 > 9$

となり、不等式が成り立たないので、

円の外部が求める領域で間違いない。

（問題 125）

　ある製薬会社では A，B 2 種類の薬を製造している。

　それらを製造するためには、原料 k, l が必要で、A, B を 1kg 製造するために必要な原料の量と、原料の在庫量は右の表のとおりである。

	原料 k	原料 l
在庫	30kg	40kg
A	1kg	3kg
B	4kg	2kg

また、A，B 1kg あたりの利益は、それぞれ 2000 円，3000 円である。
原料の在庫量の範囲で、最大の利益を得るためには、A，B をそれぞれ
何 kg 製造すればよいか。

解答：　A，B をそれぞれ x kg , y kg 製造するとする。

　　　　原料 k について表より、　$x + 4y \leq 30$　……①

　　　　原料 l について表より、　$3x + 2y \leq 40$　……②

　　　　が成り立つ。

　　　　また、$x + 4y = 30$ と $3x + 2y = 40$ の交点は（10, 5）である。

　　　　以上より、$x > 0$, $y > 0$ と

　　　　①，②の不等式が表す

　　　　領域は右図の斜線部分である。

　　　　利益を s とすると、

　　　　$s = 2000x + 3000y$ であり、

　　　　$y = -\dfrac{2}{3}x + \dfrac{s}{3000}$ と変形すると、

　　　　この式は傾き $-\dfrac{2}{3}$ 、切片 $\dfrac{s}{3000}$ の

　　　　直線を表すことがわかる。

　　　　よって図から、(10, 5) を通るとき　$y = -\dfrac{2}{3}x + \dfrac{s}{3000}$ の

　　　　切片が最大になり、このとき s も最大になることがわかる。

　　　　したがって最大の利益を得るためには、A を 10kg，　B を 5kg

　　　　製造すればよい。

§ 三角関数（詳解）

（問題 126）

$0 < x < 2\pi$ とする。等式　$\sin(x + \dfrac{\pi}{3}) + \sin(x - \dfrac{\pi}{3}) = \dfrac{1}{2}$ を満たす

x の値を求めよ。

解答：　加法定理より、

$$\left(\sin x \cos \frac{\pi}{3} + \cos x \sin \frac{\pi}{3}\right) + \left(\sin x \cos \frac{\pi}{3} - \cos x \sin \frac{\pi}{3}\right) = \frac{1}{2}$$

$$2\sin x \cos \frac{\pi}{3} = \frac{1}{2}$$

$$\sin x = \frac{1}{2}$$

$0 < x < 2\pi$ より、 $\therefore x = \dfrac{\pi}{6},\ \dfrac{5\pi}{6}$

【一言アドバイス】

三角関数の和・積の公式　$\sin(\alpha+\beta) + \sin(\alpha-\beta) = 2\sin\alpha\cos\beta$ を用いて解いてもよいです。

（問題127）

周りの長さが 14 である扇形の面積が最大となるとき、半径と中心角を求めよ。

ただし、中心角 θ は $0 \leq \theta < 2\pi$ とする。

解答：　扇形の弧の長さを l, 半径を r, 扇形の面積を S とすると、

$$l + 2r = 14 \quad \cdots\cdots ①$$

$$S = \frac{1}{2}rl \quad \cdots\cdots ②$$

①と②より l を消去する。

$$S = \frac{1}{2}r(14 - 2r)$$

$$= -r^2 + 7r \qquad \boxed{\text{上に凸の放物線}}$$

$$= -\left(r - \frac{7}{2}\right)^2 + \frac{49}{4}$$

よって、$r = \dfrac{7}{2}$ のとき面積は最大となる。

このとき ① より $l = 7$ となり、　$\boxed{l = 14 - 2r = 7}$

$l = r\theta$ より、$7 = \dfrac{7}{2}\theta$

よって、$\theta = 2$ 　　　　　$\therefore$ 半径 $\dfrac{7}{2}$,　中心角 2

(問題 128)

直線 $y = 3x$ と直線 $y = \dfrac{1}{2}x$ のなす角 θ を求めよ。ただし、$0 < \theta < \dfrac{\pi}{2}$ とする。

解答： $y = 3x,\ y = \dfrac{1}{2}x$ と x 軸の正の方向との

なす角をそれぞれ $\alpha,\ \beta$ とすると、

$\tan\alpha = 3, \quad \tan\beta = \dfrac{1}{2}$

であり、$\theta = \alpha - \beta$ となる。

$\tan\theta = \tan(\alpha - \beta)$

$\quad = \dfrac{\tan\alpha - \tan\beta}{1 + \tan\alpha\tan\beta}$

$\quad = \dfrac{3 - \dfrac{1}{2}}{1 + 3 \times \dfrac{1}{2}} = 1$

> α, β について角度はわからないが tan の値ならわかるので θ についても $\tan\theta$ なら値が計算できる。

$0 < \theta < \dfrac{\pi}{2}$ より $\quad \therefore\ \theta = \dfrac{\pi}{4}$

(問題 129)

三角関数の加法定理から二倍角の公式と半角の公式を導け。

解答： 加法定理より $\sin(\alpha + \beta) = \sin\alpha\cos\beta + \cos\alpha\sin\beta$

$\cos(\alpha + \beta) = \cos\alpha\cos\beta - \sin\alpha\sin\beta$

$\tan(\alpha + \beta) = \dfrac{\tan\alpha + \tan\beta}{1 - \tan\alpha\tan\beta}$

β を α で置き換えると、 $\boxed{\alpha + \alpha = 2\alpha}$

$\sin 2\alpha = 2\sin\alpha\cos\alpha$

$\cos 2\alpha = \cos^2\alpha - \sin^2\alpha$

$\quad = 2\cos^2\alpha - 1 \ \cdots\cdots ①\ (\sin^2\alpha = 1 - \cos^2\alpha\ \text{より})$

$\quad = 1 - 2\sin^2\alpha \ \cdots\cdots ②\ (\cos^2\alpha = 1 - \sin^2\alpha\ \text{より})$

$\tan 2\alpha = \dfrac{2\tan\alpha}{1 - \tan^2\alpha}$

①より、$\cos^2\alpha = \dfrac{1 + \cos 2\alpha}{2}$ ②より、$\sin^2\alpha = \dfrac{1 - \cos 2\alpha}{2}$

$2\alpha = \theta$ とすると、 $\cos^2 \dfrac{\theta}{2} = \dfrac{1+\cos\theta}{2}$, $\sin^2 \dfrac{\theta}{2} = \dfrac{1-\cos\theta}{2}$

$\boxed{\alpha = \dfrac{\theta}{2}}$ $\tan^2 \dfrac{\theta}{2} = \dfrac{1-\cos\theta}{1+\cos\theta}$ $\left(\tan^2 \dfrac{\theta}{2} = \dfrac{\sin^2 \frac{\theta}{2}}{\cos^2 \frac{\theta}{2}} \right.$ より$\left.\right)$

(問題 130)

$0 \le x < 2\pi$ のとき、方程式 $\sin x - \sqrt{3}\cos x = 1$ を三角関数の合成を用いて解け。また、合成した結果を加法定理で開いて確認せよ。

解答： $\sin x - \sqrt{3}\cos x = \sqrt{1^2 + \sqrt{3}^2}\left(\dfrac{1}{2}\sin x - \dfrac{\sqrt{3}}{2}\cos x \right)$

$\sqrt{1^2 + \sqrt{3}^2} = 2$

$= 2\left(\sin x \cos \dfrac{\pi}{3} - \cos x \sin \dfrac{\pi}{3} \right)$

$= 2\sin\left(x - \dfrac{\pi}{3} \right)$

よって、$2\sin\left(x - \dfrac{\pi}{3} \right) = 1$

$\sin(\alpha - \beta) = \sin\alpha\cos\beta - \cos\alpha\sin\beta$

※加法定理で確認 $2\sin\left(x - \dfrac{\pi}{3} \right) = 2\left(\sin x \cos \dfrac{\pi}{3} - \cos x \sin \dfrac{\pi}{3} \right)$

$= 2\left(\sin x \times \dfrac{1}{2} - \cos x \times \dfrac{\sqrt{3}}{2} \right)$

$= \sin x - \sqrt{3}\cos x$ OK！

$\sin\left(x - \dfrac{\pi}{3} \right) = \dfrac{1}{2}$ …… ①

$0 \le x < 2\pi$ より $-\dfrac{\pi}{3} \le x - \dfrac{\pi}{3} < 2\pi - \dfrac{\pi}{3}$

この範囲で①を解くと、

$x - \dfrac{\pi}{3} = \dfrac{\pi}{6}$, $\dfrac{5\pi}{6}$ よって、 $\therefore x = \dfrac{\pi}{2}$, $\dfrac{7\pi}{6}$

(問題 132)

$0 \le x < 2\pi$ とする。関数 $y = 2\sin^2 x + 4\sin x \cos x + 3\cos^2 x$ の最大値と最小値を求めよ。

解答： 2倍角の公式より、$\cos^2 x = \dfrac{1+\cos 2x}{2}$, $\sin^2 x = \dfrac{1-\cos 2x}{2}$

$2\sin x \cos x = \sin 2x$

を関数に代入する。

$$y = 2\sin^2 x + 4\sin x \cos x + 3\cos^2 x$$

$$= 2 \cdot \frac{1 - \cos 2x}{2} + 2 \cdot \sin 2x + 3 \cdot \frac{1 + \cos 2x}{2}$$

$$= 1 - \cos 2x + 2\sin 2x + \frac{3 + 3\cos 2x}{2}$$

$$= 2\sin 2x + \frac{1}{2}\cos 2x + \frac{5}{2}$$

合成すると、

$$y = \sqrt{2^2 + \left(\frac{1}{2}\right)^2}\, \sin(2x + \alpha) + \frac{5}{2}$$

$$= \frac{\sqrt{17}}{2}\sin(2x + \alpha) + \frac{5}{2} \quad \text{ただし、} \sin\alpha = \frac{1}{\sqrt{17}}, \quad \cos\alpha = \frac{4}{\sqrt{17}}$$

$0 \le x < 2\pi$ より $\alpha \le 2x + \alpha < 4\pi + \alpha$ であるから

$$-1 \le \sin(2x + \alpha) \le 1$$

> $(4\pi + \alpha) - \alpha = 4\pi > 2\pi$
> なので $\sin(2x + \alpha)$ は
> -1 から1の間の値をとる。

各辺に $\dfrac{\sqrt{17}}{2}$ 倍してから $\dfrac{5}{2}$ を加えると

$$-\frac{\sqrt{17}}{2} \le \frac{\sqrt{17}}{2}\sin(2x + \alpha) \le \frac{\sqrt{17}}{2}$$

$$-\frac{\sqrt{17}}{2} + \frac{5}{2} \le \frac{\sqrt{17}}{2}\sin(2x + \alpha) + \frac{5}{2} \le \frac{\sqrt{17}}{2} + \frac{5}{2}$$

$$-\frac{\sqrt{17}}{2} + \frac{5}{2} \le y \le \frac{\sqrt{17}}{2} + \frac{5}{2}$$

よって、$\therefore$ 最大値 $\dfrac{\sqrt{17} + 5}{2}$, 最小値 $\dfrac{-\sqrt{17} + 5}{2}$

【一言アドバイス】

α の具体的な角度はわかりませんが、最大値・最小値を求めることは問題なくできました。
角度がわからないからすぐに間違っていると思わないで、一度確認して計算ミスしていなければ、とりあえず α とおいて計算を進めていくことが大切です。

(問題 133)

$0 \le x < 2\pi$ とする。関数 $y = 2\sin x \cos x + 6\sin x + 6\cos x$ について、次の問いに答えよ。

⑴　$t = \sin x + \cos x$ として、y を t の関数で表せ。

⑵　y の最大値と最小値を求めよ。

解答 ： (1) $t = \sin x + \cos x$ より $t^2 = \sin^2 x + 2\sin x \cos x + \cos^2 x$

$$= 1 + 2\sin x \cos x \boxed{\sin^2 x + \cos^2 x = 1}$$

これより 　$2\sin x \cos x = t^2 - 1$

よって、$y = 2\sin x \cos x + 6(\sin x + \cos x)$

$$= (t^2 - 1) + 6t \qquad \therefore y = t^2 + 6t - 1$$

(2) $t = \sin x + \cos x = \sqrt{2}\sin\left(x + \dfrac{\pi}{4}\right)$ …… ① (∵ 三角関数の合成)

$0 \le x < 2\pi$ より、$\dfrac{\pi}{4} \le x + \dfrac{\pi}{4} < 2\pi + \dfrac{\pi}{4}$ であるから

$$-1 \le \sin\left(x + \dfrac{\pi}{4}\right) \le 1$$

各辺に $\sqrt{2}$ をかけると

$$-\sqrt{2} \le \sqrt{2}\sin\left(x + \dfrac{\pi}{4}\right) \le \sqrt{2} \qquad よって、-\sqrt{2} \le t \le \sqrt{2}$$

この範囲で $y = t^2 + 6t - 1$ の最大値と最小値を考える。

$y = t^2 + 6t - 1$ 　 $\boxed{\text{下に凸の放物線}}$

$$= (t + 3)^2 - 10$$

$-\sqrt{2} \le t \le \sqrt{2}$ より、$t = \sqrt{2}$ のとき最大値 　$1 + 6\sqrt{2}$

$\boxed{\text{軸} -3 < -\sqrt{2} \text{なので} \\ \text{頂点が最小値ではない！}}$ 　 $t = -\sqrt{2}$ のとき最小値 　$1 - 6\sqrt{2}$

①より、$t = \sqrt{2}$ のとき $\sqrt{2}\sin\left(x + \dfrac{\pi}{4}\right) = \sqrt{2}$

$$\sin\left(x + \dfrac{\pi}{4}\right) = 1$$

$\dfrac{\pi}{4} \le x + \dfrac{\pi}{4} < 2\pi + \dfrac{\pi}{4}$ より $x + \dfrac{\pi}{4} = \dfrac{\pi}{2}$ 　　 $x = \dfrac{\pi}{4}$

同様に 　$t = -\sqrt{2}$ のとき $\sin\left(x + \dfrac{\pi}{4}\right) = -1$

$\dfrac{\pi}{4} \le x + \dfrac{\pi}{4} < 2\pi + \dfrac{\pi}{4}$ より $x + \dfrac{\pi}{4} = \dfrac{3\pi}{2}$ 　　 $x = \dfrac{5\pi}{4}$

したがって 　　 $x = \dfrac{\pi}{4}$ のとき最大値 $1 + 6\sqrt{2}$,

$$x = \dfrac{5\pi}{4} \text{のとき最小値} 1 - 6\sqrt{2}$$

（問題 134）

次の計算をせよ。

(1) $\sqrt[3]{4} \times \dfrac{\sqrt[3]{2}}{16}$　　　　　(2) $\left\{ (\sqrt{2} \times 3)^{\frac{1}{2}} \times 3 \right\}^2$

解答： (1) $\sqrt[3]{4} \times \dfrac{\sqrt[3]{2}}{16}$　　　　(2) $\left\{ (\sqrt{2} \times 3)^{\frac{1}{2}} \times 3 \right\}^2$

$\quad = 4^{\frac{1}{3}} \times 2^{\frac{1}{3}} \div 16$　　　　　$= \left\{ (2^{\frac{1}{2}})^{\frac{1}{2}} \times 3^{\frac{1}{2}} \times 3 \right\}^2$

$\quad = (2^2)^{\frac{1}{3}} \times 2^{\frac{1}{3}} \times 2^{-4}$　　　$= \left(2^{\frac{1}{4}} \times 3^{\frac{1}{2}} \times 3 \right)^2$

$\quad = 2^{\frac{2}{3}} \times 2^{\frac{1}{3}} \times 2^{-4}$　　　　$= 2^{\frac{1}{2}} \times 3 \times 3^2$

$\quad = 2^{\frac{2}{3} + \frac{1}{3} - 4}$　　　　　　　$= 2^{\frac{1}{2}} \times 3^3$

$\quad = 2^{-3} = \dfrac{1}{8}$　　　　　　　$= 27\sqrt{2}$

（問題 135）

関数 $y = (4^x + 4^{-x}) - 2(2^x + 2^{-x}) + 5$ の最小値を求めよ。

解答： $2^x + 2^{-x} = t$ とおくと、$t^2 = (2^x + 2^{-x})^2$

$\boxed{2^x \cdot 2^{-x} = 2^{x-x} = 1}$ $\quad = (2^x)^2 + 2 \cdot 2^x \cdot 2^{-x} + (2^{-x})^2$

$\qquad\qquad\qquad\qquad = (2^2)^x + 2 + (2^2)^{-x}$

$\qquad\qquad\qquad\qquad = 4^x + 2 + 4^{-x}$

これより $4^x + 4^{-x} = t^2 - 2$

よって、$y = (4^x + 4^{-x}) - 2(2^x + 2^{-x}) + 5$

$\qquad = (t^2 - 2) - 2t + 5$

$\qquad = t^2 - 2t + 3$

$\qquad = (t - 1)^2 + 2$ …… ①

$2^x > 0,\quad 2^{-x} > 0$ であるから、相加相乗平均の大小関係より

$$t = 2^x + 2^{-x} \geq 2\sqrt{2^x \cdot 2^{-x}}$$

$$t \geq 2 \quad \cdots\cdots \ ②$$

> $x = -x$ より
> $2x = 0$ よって、$x = 0$

また、等号成立（$t = 2$）は、$2^x = 2^{-x}$ すなわち、$x = 0$ のときである。

②の範囲で、①の最小値を求めると、 $\boxed{t = 2 \text{ のとき、} y = (2-1)^2 + 2 = 3}$

$t = 2$ すなわち $x = 0$ のとき最小値 3 である。

（問題 136）

方程式 $\log_3 x + 3\log_x 9 = 5$ を解け。

解答： 底の条件より $x \neq 1$, $x > 0$ $\cdots\cdots$ ①

> $\log_3 9 = \log_3 3^2 = 2\log_3 3 = 2$

底の変換公式を用いると、 $\log_x 9 = \dfrac{\log_3 9}{\log_3 x} = \dfrac{2}{\log_3 x}$

方程式に代入すると

$$\log_3 x + 3 \cdot \frac{2}{\log_3 x} = 5$$

両辺に $\log_3 x$ をかけて整理すると

$$(\log_3 x)^2 + 6 = 5\log_3 x$$

$$(\log_3 x)^2 - 5\log_3 x + 6 = 0$$

これより

$$(\log_3 x - 3)(\log_3 x - 2) = 0$$

◁ 二次方程式のように解く

$$\log_3 x = 3, \ 2$$

よって $x = 3^3, \ 3^2$ これらは①を満たす。

したがって $\quad \therefore x = 9, \quad 27$

（問題 137）

x の不等式 $\log_a (3x^2 - 5x - 2) > \log_a (2x^2 + 4)$ を解け。

解答： 真数は正であるから、

$3x^2 - 5x - 2 > 0$ $\cdots\cdots$ ① かつ $2x^2 + 4 > 0$ $\cdots\cdots$ ②

②は全ての実数 x について成り立つので、①を解くと、

$$(3x + 1)(x - 2) > 0 \qquad x < -\frac{1}{3}, \quad x > 2$$

よって①，②を満たす x の範囲は $x < -\dfrac{1}{3}, \quad x > 2$ $\cdots\cdots$ ③

ⅰ. $0<a<1$ のとき ◁ 不等号が逆向き ▷ ⅱ. $a>1$ のとき

$3x^2-5x-2<2x^2+4$ ‎ ‎ ‎ ‎ ‎ ‎ ‎ ‎ ‎ ‎ ‎ ‎ $3x^2-5x-2>2x^2+4$

$x^2-5x-6<0$ ‎ ‎ ‎ ‎ ‎ ‎ ‎ ‎ ‎ ‎ ‎ ‎ ‎ ‎ ‎ ‎ ‎ ‎ ‎ $x^2-5x-6>0$

$(x-6)(x+1)<0$ ‎ ‎ ‎ ‎ ‎ ‎ ‎ ‎ ‎ ‎ ‎ ‎ ‎ ‎ $(x-6)(x+1)>0$

‎ ‎ $-1<x<6$ ‎ ‎ ‎ ‎ ‎ ‎ ‎ ‎ ‎ ‎ ‎ ‎ ‎ ‎ ‎ ‎ ‎ ‎ $x<-1,\ x>6$

③との共通部分を求めると ‎ ‎ ‎ ‎ ‎ ③との共通部分を求めると

‎ ‎ $-1<x<-\dfrac{1}{3},\ \ 2<x<6$ ‎ ‎ ‎ ‎ ‎ ‎ $x<-1,\ x>6$

ⅰ. ⅱ. より、 ‎ ‎ ‎ $\therefore\ 0<a<1$ のとき $-1<x<-\dfrac{1}{3},\ \ 2<x<6$

‎ ‎ ‎ ‎ ‎ ‎ ‎ ‎ ‎ ‎ ‎ ‎ ‎ ‎ ‎ ‎ ‎ ‎ $a>1$ のとき $x<-1,\ \ x>6$

（問題 138）

$\log_{10}2=0.3010,\ \ \log_{10}3=0.4771$ を用いて、18^{20} の桁数を求めよ。

解答： ‎ ‎ $\log_{10}18^{20}=20\log_{10}18$ ‎ ‎ ‎ ◁ $\log_aM^p=p\log_aM$ ▷

‎ ‎ ‎ ‎ ‎ ‎ ‎ ‎ ‎ ‎ ‎ ‎ ‎ ‎ ‎ ‎ $=20\log_{10}(9\cdot2)$

‎ ‎ ‎ ‎ ‎ ‎ ‎ ‎ ‎ ‎ ‎ ‎ ‎ ‎ ‎ ‎ $=20(\log_{10}9+\log_{10}2)$ ‎ ◁ $\log_aMN=\log_aM+\log_aN$ ▷

‎ ‎ ‎ ‎ ‎ ‎ ‎ ‎ ‎ ‎ ‎ ‎ ‎ ‎ ‎ ‎ $=20(2\log_{10}3+\log_{10}2)$

‎ ‎ ‎ ‎ ‎ ‎ ‎ ‎ ‎ ‎ ‎ ‎ ‎ ‎ ‎ ‎ $=20(2\times0.4771+0.3010)=25.105\cdots$

よって、$25<\log_{10}18^{20}<26$ ‎ ‎ ◁ $\log_{10}10=1$ ▷

$25\log_{10}10<\log_{10}18^{20}<26\log_{10}10$

$\log_{10}10^{25}<\log_{10}18^{20}<\log_{10}10^{26}$

底 $10>1$ であるから、$10^{25}<18^{20}<10^{26}$ ‎ ‎ ‎ ‎ ‎ よって $\therefore\ 26$ 桁

【一言アドバイス】

例えば $10^2=100,\ 10^3=1000$ なので、$10^2\leq m<10^3$ を満たす m は 3 桁の数です。
このように、不等式の右側の 10 の指数部分が求める桁数になります。

（問題 139）

現在 P 君は Q 君の 2 倍の資産を持っているが、P 君は年 5%，Q 君は年
8% の割合で資産が増えていくとする。今後もこの割合で資産が増えて
いくとすると、Q 君の資産が P 君の資産より多くなるのは何年後か。

ただし、$\log_{10}2=0.3010$, $\log_{10}3=0.4771$, $\log_{10}5=0.6990$, $\log_{10}7=0.8451$ とする。

解答： 現在の Q 君の資産を a とすると、P 君の資産は $2a$ である。

n 年後の P 君の資産は $1.05^n \times 2a$, Q 君の資産は $1.08^n a$

であり、Q 君の資産が P 君の資産より多くなるので、

$$1.05^n \times 2a < 1.08^n a$$

$a>0$ であるから、両辺を a で割ると

> $a>0$ であるから
> 不等号の向きは変わらない

$$1.05^n \times 2 < 1.08^n$$

両辺の常用対数をとると

$$\log_{10}(2 \cdot 1.05^n) < \log_{10}1.08^n$$

$$\log_{10}2 + n\log_{10}1.05 < n\log_{10}1.08$$

> $\log_{10}\frac{105}{100}=\log_{10}105 - \log_{10}100$
> $=\log_{10}105 - 2$

$$n\left(\log_{10}\frac{105}{100} - \log_{10}\frac{108}{100}\right) < -\log_{10}2$$

$$n(\log_{10}105 - \log_{10}108) < -\log_{10}2$$

> $\log_a MN = \log_a M + \log_a N$

$$n\{\log_{10}(3 \times 5 \times 7) - \log_{10}(2^2 \times 3^3)\} < -\log_{10}2$$

$$n(-2\log_{10}2 - 2\log_{10}3 + \log_{10}5 + \log_{10}7) < -\log_{10}2$$

$$n(-2 \cdot 0.3010 - 2 \cdot 0.4771 + 0.6990 + 0.8451) < -0.3010$$

$$-0.0121n < -0.3010$$

よって $n > 24.87 \cdots$　　　ゆえに　$\therefore$ 25 年後

（問題 140）

3^{20} の一の位の数と最高位の数を求めよ。ただし、必要なら

$\log_{10}2=0.3010$, $\log_{10}3=0.4771$, $\log_{10}7=0.8451$　を利用してもよい。

解答： $3^1=3$, $3^2=9$, $3^3=27$, $3^4=81$, $3^5=243$, $3^6=729$, $\cdots\cdots$

一の位は 3, 9, 7, 1 の 4 つの数がこの順に繰り返しているので、

$20 \div 4 = 5$ より、3^{20} の一の位の数は 1 であることがわかる。

（別解 1）

ある数の一の位の数は、その数を 10 で割った余りになるので、

$$3^{20} = (3^2)^{10} = 9^{10}$$

> $(-1)^{10} = 1$

$$= (10-1)^{10} \qquad (\because \text{二項定理より})$$

$$=10^{10} + {}_{10}C_1 10^9 \cdot (-1) + {}_{10}C_2 10^8 \cdot (-1)^2 + \cdots + {}_{10}C_9 10 \cdot (-1)^9 + (-1)^{10}$$

$$=10\{10^9 + {}_{10}C_1 10^8 \cdot (-1) + {}_{10}C_2 10^7 \cdot (-1)^2 + \cdots + {}_{10}C_9 \cdot (-1)^9\} + 1$$

よって、3^{20} を 10 で割った余りは 1 であるから、求める一の位の数も 1 である。

（別解 2）

$3^4 \equiv 1 \pmod{10}$ より

$3^{20} \equiv (3^4)^5 \equiv 1^5 \equiv 1 \pmod{10}$

> $a \equiv b \pmod{m}$ のとき
> $a^n \equiv b^n \pmod{m}$

よって、3^{20} を 10 で割った余りは 1 であるから、求める一の位の数も 1 である。

（最高位の数について）

$\log_{10} 3^{20} = 20 \log_{10} 3 = 20 \times 0.4771 = 9.542$ であるから、

3^{20} は 10 桁の数である（問題 138 と同じ解法なので省略。詳しくはそちらを参照）。

3^{20} の最高位の数を m とすると、

$m \times 10^9 \leqq 3^{20} < (m + 1) \times 10^9$

が成り立つ。これより、

> $\log_{10}(m \times 10^9) = \log_{10} m + \log_{10} 10^9$

$\log_{10}(m \times 10^9) \leqq \log_{10} 3^{20} < \log_{10}\{(m + 1) \times 10^9\}$

$\log_{10} m + 9 \leqq 9.542 < \log_{10}(m + 1) + 9$

$\log_{10} m \leqq 0.542 < \log_{10}(m + 1)$

$\log_{10} 3 = 0.4771,\ \log_{10} 4 = 2\log_{10} 2 = 0.6020$ であるから、

この不等式を満たす m の値は 3、すなわち最高位の数は 3 である。

【一言アドバイス】

例えば、389 なら $300 < 389 < 400$ すなわち $3 \times 10^2 < 389 < 4 \times 10^2$ と表せるように、ある数 x が最高位の数 m で n 桁の数だとすると

$m \times 10^{n-1} \leqq x < (m+1) \times 10^{n-1}$ が成り立ちます。

§ 微分・積分（詳解）

（問題 141）

関数 $f(x) = x^3 - 2x^2 + 1$ のグラフに点 $(3,\ 1)$ から引いた接線のうち、接点の x 座標が 2 以上になる接線の方程式と、接点の座標を求めよ。

解答： 接点を $(a,\ a^3 - 2a^2 + 1)$ とおく。

$f'(x) = 3x^2 - 4x$ であるから接線の傾きは、 $f'(a) = 3a^2 - 4a$

接線の方程式は、

$\quad y - (a^3 - 2a^2 + 1) = (3a^2 - 4a)(x - a)$

$\quad y = (3a^2 - 4a)x - a(3a^2 - 4a) + (a^3 - 2a^2 + 1)$

$\quad y = (3a^2 - 4a)x - 2a^3 + 2a^2 + 1 \quad \cdots\cdots \text{①}$

接線は（3，1）を通るので

$1 = 3(3a^2 - 4a) - 2a^3 + 2a^2 + 1$

$-2a^3 + 11a^2 - 12a = 0$

$-a(2a^2 - 11a + 12) = 0$

$-a(2a - 3)(a - 4) = 0$

$a = \dfrac{3}{2}, 4, 0$

接点の x 座標が 2 以上であるから、$a = 4$

このとき、$f(4) = 4^3 - 2 \times 4^2 + 1 = 33$ 　　接点は $\therefore (4, 33)$

①に代入して接線を求めると

$y = (3 \times 4^2 - 4 \times 4)x - 2 \times 4^3 + 2 \times 4^2 + 1$

$$\therefore y = 32x - 95$$

（問題 142）

2 つの放物線 $f(x) = x^2 - x$, $g(x) = 2x^2 - 4x + \dfrac{17}{8}$ の共通接線を求めよ。

解答 : $f(x) = x^2 - x$ の $(t, \ t^2 - t)$ における接線は、傾き $f'(t) = 2t - 1$

より

$\quad y - (t^2 - t) = (2t - 1)(x - t)$

$\quad y = (2t - 1)x - t^2 \quad \cdots\cdots \text{①}$

この直線と $g(x) = 2x^2 - 4x + \dfrac{17}{8}$ が接すればよい。

$\quad 2x^2 - 4x + \dfrac{17}{8} = (2t - 1)x - t^2$

$\quad 2x^2 - (2t + 3)x + t^2 + \dfrac{17}{8} = 0 \qquad \boxed{\text{両辺を 8 倍}}$

$\quad 16x^2 - 8(2t + 3)x + 8t^2 + 17 = 0$

この二次方程式が重解をもつとき、直線と $g(x)$ は接するので、

判別式 $D = 0$ が成り立てばよい。

$$判別式\frac{D}{4} = \{-4(2t+3)\}^2 - 16(8t^2+17)$$

$$\frac{D}{4} = b'^2 - ac$$

$$= (-4)^2(2t+3)^2 - 16(8t^2+17)$$

$$(ab)^2 = a^2b^2$$

$$= 16\{(2t+3)^2 - (8t^2+17)\}$$

16 でくくる

$$= 16(-4t^2+12t-8)$$

$$= -64(t^2-3t+2)$$

-4 でくくる

$$= -64(t-2)(t-1) = 0 \qquad t=1, \quad 2$$

よって、①に代入すると、 $\qquad \therefore y = x-1, \quad y = 3x-4$

(問題 143)

2 つの曲線 $y = x^2 - 3$, $y = -x^2 - x + 3$ によって囲まれた部分の面積を求めよ。

解答： 2 つの曲線の交点の x 座標を求める。

$$x^2 - 3 = -x^2 - x + 3$$

$$2x^2 + x - 6 = 0$$

$$(2x-3)(x+2) = 0 \qquad x = -2, \quad \frac{3}{2}$$

よって、 $\displaystyle\int_{-2}^{\frac{3}{2}} \{(-x^2-x+3) - (x^2-3)\}\, dx$

$$= \int_{-2}^{\frac{3}{2}} (-2x^2 - x + 6)\, dx$$

$$= -\frac{-2}{6}\left\{\frac{3}{2} - (-2)\right\}^3 = \frac{343}{24} \qquad\qquad \therefore \frac{343}{24}$$

(問題 144)

次の定積分を求めよ。

(1) $\displaystyle\int_{-1}^{1} (2x^3 - 5)^2\, dx$ 　　　　 (2) $\displaystyle\int_{0}^{3} (2x+1)^2\, dx$

解答： (1) $\displaystyle\int_{-1}^{1} (2x^3 - 5)^2\, dx$ 　　　　 (2) $\displaystyle\int_{0}^{3} (2x+1)^2\, dx$

$\dfrac{1}{2}$を忘れない！

$$= \int_{-1}^{1} (4x^6 - 20x^3 + 25)\,dx \qquad = \left[\frac{1}{2} \times \frac{1}{3}(2x+1)^3\right]_0^3$$

$$= 2\int_0^1 (4x^6 + 25)\,dx \qquad = \frac{1}{6}(7^3 - 1^3)$$

$$= 2\left[\frac{4}{7}x^7 + 25x\right]_0^1 \qquad = \frac{1}{6}(343 - 1)$$

$$= 2\left(\frac{4}{7} + 25\right) \qquad = 57$$

$$= \frac{358}{7}$$

（問題 145）

三次関数のグラフの概形を 6 パターンに分類せよ。

解答： 三次関数 $f(x) = ax^3 + bx^2 + cx + d$ を考える。

$f'(x) = 3ax^2 + 2bx + c = 0$ の判別式を D とするとき、

$y = f(x)$ のグラフは以下の 6 パターンに分類できる。

	$D > 0$	$D = 0$	$D < 0$
$a > 0$			
$a < 0$			
	極値が存在。極大値と極小値がペアで存在する。	$f'(x) = 0$ となる点が1つ存在するが、極値はない。	線の凹凸が変わる点（変曲点）はあるが、極値はない。

（問題 146）

四次関数 $f(x) = x^4 - 4x^3 + 4x^2$ の極値を求めよ。

解答： $f'(x) = 4x^3 - 12x^2 + 8x$

$\qquad\qquad = 4x(x^2 - 3x + 2)$

$$= 4x(x-1)(x-2)$$

$f'(x) = 0$ とすると、$x = 0,\ 1,\ 2$

増減表は右図のようになる。

よって $\therefore x = 0, 2$ のとき極小値 0

　　　　$x = 1$ のとき極大値 1

x	$\cdots$	0	$\cdots$	1	$\cdots$	2	$\cdots$
$f'(x)$	$-$	0	$+$	0	$-$	0	$+$
$f(x)$	$\searrow$	0	$\nearrow$	1	$\searrow$	0	$\nearrow$

【一言アドバイス】

$f(x) = x^4 - 4x^3 + 4x^2 = x^2(x^2 - 4x + 4) = x^2(x-2)^2$ と因数分解すれば、$x = 0, 2$ で

x 軸と接することと、常に $f(x) \geq 0$ であることが微分しなくてもわかるので、

このときに極小値を取ることもわかります。

(問題 147)

曲線 $f(x) = x^3 - 4x^2 + 3x$ と x 軸で囲まれた 2 つの部分の面積の和を
求めよ。

解答： $f(x) = x^3 - 4x^2 + 3x$

　　　　　$= x(x^2 - 4x + 3)$

　　　　　$= x(x-1)(x-3)$

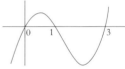

$y = f(x)$ のグラフの概形は右のようになる。よって、求める面積は

$$\int_0^1 (x^3 - 4x^2 + 3x)\,dx + \int_1^3 -(x^3 - 4x^2 + 3x)\,dx$$

$$= \left[\frac{1}{4}x^4 - \frac{4}{3}x^3 + \frac{3}{2}x^2\right]_0^1 + \left[-\frac{1}{4}x^4 + \frac{4}{3}x^3 - \frac{3}{2}x^2\right]_1^3$$

$$= \left(\frac{1}{4} - \frac{4}{3} + \frac{3}{2}\right) + \left(-\frac{81}{4} + 36 - \frac{27}{2}\right) - \left(-\frac{1}{4} + \frac{4}{3} - \frac{3}{2}\right)$$

$$= \left(\frac{1}{4} - \frac{81}{4} + \frac{1}{4}\right) + \left(-\frac{4}{3} - \frac{4}{3}\right) + \left(\frac{3}{2} - \frac{27}{2} + \frac{3}{2}\right) + 36 \quad \triangleleft \text{分母が同じもの同士を集める}$$

$$= \left(-\frac{79}{4}\right) + \left(-\frac{8}{3}\right) + \left(-\frac{21}{2}\right) + 36$$

$$= -\frac{237}{12} - \frac{32}{12} - \frac{126}{12} + 36$$

$$= -\frac{395}{12} + \frac{432}{12} = \frac{37}{12} \qquad \therefore \frac{37}{12}$$

(問題 148)

三次関数 $f(x) = 2x^3 - 3x^2 - 18x + 1$ の極値を求めよ。

解答 ： $f'(x) = 6x^2 - 6x - 18$

$\qquad = 6(x^2 - x - 3)$

$f'(x) = 0$ とすると、$x^2 - x - 3 = 0$ $\quad x = \dfrac{1 \pm \sqrt{13}}{2}$

グラフの概形から、$x = \dfrac{1 - \sqrt{13}}{2}$ のとき極大、

$x = \dfrac{1 + \sqrt{13}}{2}$ のとき極小となる。ここで $g(x) = x^2 - x - 3$ とおくと

$f(x) \div g(x) = 2x - 1$ 余り $-13x - 2$ であるから

$f(x) = g(x)(2x - 1) - 13x - 2$

> 実際に筆算する

$g\left(\dfrac{1 \pm \sqrt{13}}{2}\right) = 0$ であるから、$f\left(\dfrac{1 \pm \sqrt{13}}{2}\right) = 0 - 13 \times \left(\dfrac{1 \pm \sqrt{13}}{2}\right) - 2$

$$= \dfrac{-13 \mp 13\sqrt{13}}{2} - \dfrac{4}{2}$$

$$= \dfrac{-17 \mp 13\sqrt{13}}{2} \text{（複号同順）}$$

したがって、$\therefore x = \dfrac{1 - \sqrt{13}}{2}$ のとき極大値 $\quad\dfrac{-17 + 13\sqrt{13}}{2}$

$\qquad\qquad x = \dfrac{1 + \sqrt{13}}{2}$ のとき極小値 $\quad\dfrac{-17 - 13\sqrt{13}}{2}$

（問題 149）

$a > 0$ とする。$f(x) = -2x^3 - 3x^2 + 6(a^2 + a)x + a$ の極値を求めよ。

解答 ： $f'(x) = -6x^2 - 6x + 6(a^2 + a)$

$\qquad = -6\{x^2 + x - (a^2 + a)\}$

$\qquad = -6\{x^2 + x - a(a + 1)\}$

$\qquad = -6(x + a + 1)(x - a)$

> x^3 の係数が -2 と負なので、概形は上の形

$f'(x) = 0$ とすると $\quad x = -a - 1, \quad a$

$a > 0$ とグラフの概形から、$x = -a - 1$ のとき極小、$x = a$ のとき極大をとる。

$f(-a - 1) = -2(-a - 1)^3 - 3(-a - 1)^2 + 6(a^2 + a)(-a - 1) + a$

$= -2(-a^3 - 3a^2 - 3a - 1) - 3(a^2 + 2a + 1) + 6(-a^3 - 2a^2 - a) + a$

$= -4a^3 - 9a^2 - 5a - 1$

$$f(a) = -2a^3 - 3a^2 + 6a(a^2 + a) + a$$
$$= 4a^3 + 3a^2 + a$$

よって、$\therefore x = -a - 1$ のとき極小値 $-4a^3 - 9a^2 - 5a - 1$,

$\quad\quad\quad x = a$ のとき極大値 $4a^3 + 3a^2 + a$

(問題 150)

定積分 $\displaystyle\int_{-1}^{2}(x^2 - 3x - 4)\,dx$ を求めよ。

解答： $\displaystyle\int_{-1}^{2}(x^2 - 3x - 4)\,dx = \left[\frac{1}{3}x^3 - \frac{3}{2}x^2 - 4x\right]_{-1}^{2}$

$\displaystyle\quad\quad = \left(\frac{1}{3}\cdot 2^3 - \frac{3}{2}\cdot 2^2 - 4\cdot 2\right) - \left\{\frac{1}{3}\cdot(-1)^3 - \frac{3}{2}\cdot(-1)^2 - 4\cdot(-1)\right\}$

$\displaystyle\quad\quad = \left(\frac{8}{3} + \frac{1}{3}\right) + \frac{3}{2} + (-6 - 8 - 4)$

$\displaystyle\quad\quad = 3 + \frac{3}{2} + (-18)$

$\displaystyle\quad\quad = -\frac{30}{2} + \frac{3}{2}$

$\displaystyle\quad\quad = -\frac{27}{2} \quad\quad\quad\quad \therefore -\frac{27}{2}$

（別解）　※心得 144 の公式を使った解法

$$\int_{-1}^{2}(x^2 - 3x - 4)\,dx = \int_{-1}^{2}(x + 1)(x - 4)\,dx$$

$\displaystyle\quad = \int_{-1}^{2}(x + 1)\{(x + 1) - 5\}\,dx$　← この変形がポイント！

$\displaystyle\quad = \int_{-1}^{2}\{(x + 1)^2 - 5(x + 1)\}\,dx$

$\displaystyle\quad = \left[\frac{1}{3}(x + 1)^3 - \frac{5}{2}(x + 1)^2\right]_{-1}^{2}$　← ここで公式を使った

$\displaystyle\quad = \left(\frac{1}{3}\cdot 3^3 - \frac{5}{2}\cdot 3^2\right) - 0$　← 下端を代入すると 0 になり楽

$\displaystyle\quad = 9 - \frac{45}{2}$

$\displaystyle\quad = \frac{18}{2} - \frac{45}{2} = -\frac{27}{2} \quad\quad \therefore -\frac{27}{2}$

【一言アドバイス】

別解の解法を使うと楽になる問題が時々あるので、可能ならば使えるようになっておこう！

（問題 151）

4 つの直線 $y = -2x - 1,\ y = \dfrac{1}{2}x + 2,\ x = 1,\ x = 4$ によって

囲まれた部分の面積を定積分を用いた計算と、小学校の公式を用いた

計算の 2 通りの方法で求めよ。

解答：

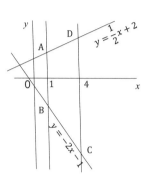

$$\int_1^4 \left\{ \left(\frac{1}{2}x + 2\right) - (-2x - 1) \right\} dx$$

$$= \int_1^4 \left(\frac{5}{2}x + 3\right) dx$$

$$= \left[\frac{5}{4}x^2 + 3x \right]_1^4$$

$$= \left(\frac{5}{4} \cdot 4^2 + 3 \cdot 4 \right) - \left(\frac{5}{4} \cdot 1^2 + 3 \cdot 1 \right)$$

$$= (20 + 12) - \left(\frac{5}{4} + 3 \right)$$

$$= 29 - \frac{5}{4}$$

$$= \frac{116}{4} - \frac{5}{4} = \frac{111}{4} \qquad \therefore \ \frac{111}{4}$$

面積を求める台形を右図のように ABCD とすると、それぞれの
座標は

A $\left(1, \dfrac{5}{2}\right)$, B $(1, -3)$, C $(4, -9)$, D $(4, 4)$ である。

上底 AB$= \dfrac{5}{2} - (-3) = \dfrac{11}{2}$, 下底 CD$= 4 - (-9) = 13$

高さは、$4 - 1 = 3$ であるから、求める台形の面積は

$\left(\dfrac{11}{2} + 13 \right) \times 3 \times \dfrac{1}{2} = \dfrac{111}{4} \qquad \therefore \ \dfrac{111}{4}$

数列・ベクトル

（問題 152）

等差数列 $\{a_n\}$ において、$a_1 = -3$, $a_8 = 25$ であるとき、$\{a_n\}$ の一般項を求めよ。

また、$n = 1, 8$ を代入して、初項、第 8 項を確認せよ。

解答： 等差数列の一般項の公式より

$$a_n = a_1 + (n-1)d$$
$$a_8 = -3 + (8-1)d = 25$$
$$7d = 28$$
$$d = 4$$

よって、$a_n = -3 + (n-1) \times 4 = 4n - 7$ $\therefore a_n = 4n - 7$

$a_1 = 4 \times 1 - 7 = -3$, $a_8 = 4 \times 8 - 7 = 25$ となり合っていることがわかる。

（問題 153）

等比数列 $\{a_n\}$ の第 n 項までの和を S_n とする。$a_1 = 3$, $S_3 = 39$ のとき、公比を求めよ。

解答： 公比を r とする。

$r = 1$ とすると、$S_3 = 3 \times 3 = 9$ となり不適である。

$r \neq 1$ とすると、$S_3 = \dfrac{3(r^3 - 1)}{r - 1} = 39$

$S_3 = \dfrac{3(r-1)(r^2 + r + 1)}{r - 1} = 39$ $\boxed{a^3 - b^3 = (a-b)(a^2 + ab + b^2)}$

$3(r^2 + r + 1) = 39$ $\boxed{\text{両辺} \div 3}$

$r^2 + r + 1 = 13$

$r^2 + r - 12 = 0$

$(r+4)(r-3) = 0$ $\therefore$ 公比 -4, 3

(問題154)

$x>0$, $y>0$, $z>0$ とする。x, y, z は、この順で等比数列になっている。また、2, x, y および y, z, 5 はそれぞれこの順で等差数列をなす。このとき、x, y, z の値を求めよ。

解答： x, y, z が、この順で等比数列になっているので、

$$\frac{y}{x}=\frac{z}{y} \quad これより \quad y^2=xz \cdots\cdots ①$$

2, x, y および y, z, 5 はそれぞれこの順で等差数列をなすので、

$$x-2=y-x \quad これより \quad 2x=y+2 \cdots\cdots ②$$
$$z-y=5-z \quad これより \quad 2z=y+5 \cdots\cdots ③$$

②−③より $2(x-z)=-3$ これより $z=x+\dfrac{3}{2} \cdots\cdots ④$

②より $y=2x-2 \cdots\cdots ⑤$

④，⑤を①に代入 $(2x-2)^2=x\left(x+\dfrac{3}{2}\right)$

> x,yを消去してzの式を作ってもよい

$$4x^2-8x+4=x^2+\frac{3}{2}x$$
$$3x^2-\frac{19}{2}x+4=0$$
$$6x^2-19x+8=0$$
$$(3x-8)(2x-1)=0 \quad x=\frac{8}{3},\ \frac{1}{2}$$

$x=\dfrac{8}{3}$ のとき ④，⑤に代入すると、$y=\dfrac{10}{3}$, $z=\dfrac{25}{6}$

$x=\dfrac{1}{2}$ のとき ⑤に代入すると、$y=-1$ $y>0$ より不適。

$$よって、\quad \therefore x=\frac{8}{3},\ y=\frac{10}{3},\ z=\frac{25}{6}$$

(問題155)

群数列 1, 3 | 5, 7, 9, 11 | 13, 15, 17, 19, 21, 23 | 25, $\cdots$

において、第 n 群の最初の奇数と、第 n 群の項の総和を求めよ。

解答： ※答えだけをとりあえず知りたいときの解法（記述試験では書かないこと！）

各群の先頭の奇数を並べると、

1, 5, 13, 25, $\cdots$

この数列の階差数列を $\{b_n\}$ とすると、

4, 8, 12, $\cdots$, b_n

$\{b_n\}$ は初項 4，公差 4 の等差数列であるから、$b_n = 4n$

階差数列の公式より $n \geq 2$ のとき

$$1 + \sum_{k=1}^{n-1} b_k = 1 + 4 \cdot \frac{1}{2} n(n-1)$$
$$= 2n^2 - 2n + 1$$

この式は $n = 1$ のときも $2 \cdot 1^2 - 2 \cdot 1 + 1 = 1$ となり成り立つ。

よって、第 n 群の最初の奇数は $\quad \therefore 2n^2 - 2n + 1$

これより、第 n 群は初項 $2n^2 - 2n + 1$，公差 2，項数 $2n$

の等差数列であるから、その和は

$$\frac{1}{2} \cdot 2n \{2(2n^2 - 2n + 1) + (2n-1) \cdot 2\}$$

$$= n(4n^2 - 4n + 2 + 4n - 2)$$

$$= n(4n^2) = 4n^3 \qquad \therefore 4n^3$$

> 等差数列の和 $\dfrac{n}{2}\{2a + (n-1)d\}$

（別解）　※教科書の解法（記述試験に対応した解答）

第 n 群には $2n$ 個の奇数が含まれるから、

第 $(n-1)$ 群までに含まれる奇数の個数は

$$2 + 4 + 6 + \cdots + 2(n-1) = 2\{1 + 2 + 3 + \cdots + (n-1)\}$$

$$= 2 \sum_{k=1}^{n-1} k$$

$$= 2 \cdot \frac{1}{2} n(n-1)$$

$$= n^2 - n$$

> 初項 1、公差 1、項数 $n-1$ の等差数列の和と考えてもよい

よって、第 n 群の最初の奇数は、奇数の列の $n^2 - n + 1$（番目）である。

したがって、第 n 群の最初の奇数は

> k 番目の奇数は $2k-1$

$$2(n^2 - n + 1) - 1 = 2n^2 - 2n + 1 \qquad \therefore 2n^2 - 2n + 1$$

以下、第 n 群の項の総和を求める解法は上と同様のため省略する。

（問題 156）

次の数列の初項から第 n 項までの和を求めよ。

(1) $\dfrac{1}{2 \cdot 5}$, $\dfrac{1}{5 \cdot 8}$, $\dfrac{1}{8 \cdot 11}$, $\dfrac{1}{11 \cdot 14}$, $\cdots\cdots$

(2) 1, $1+3$, $1+3+5$, $1+3+5+7$, $\cdots\cdots$

解答：

(1) $\dfrac{1}{2 \cdot 5} + \dfrac{1}{5 \cdot 8} + \dfrac{1}{8 \cdot 11} + \dfrac{1}{11 \cdot 14} + \cdots \dfrac{1}{(3n-1)(3n+2)}$

$= \dfrac{1}{3}\left(\dfrac{1}{2} - \dfrac{1}{5}\right) + \dfrac{1}{3}\left(\dfrac{1}{5} - \dfrac{1}{8}\right) + \dfrac{1}{3}\left(\dfrac{1}{8} - \dfrac{1}{11}\right) + \cdots + \dfrac{1}{3}\left(\dfrac{1}{3n-1} - \dfrac{1}{3n+2}\right)$

$= \dfrac{1}{3}\left\{\left(\dfrac{1}{2} - \dfrac{1}{5}\right) + \left(\dfrac{1}{5} - \dfrac{1}{8}\right) + \left(\dfrac{1}{8} - \dfrac{1}{11}\right) + \cdots + \left(\dfrac{1}{3n-1} - \dfrac{1}{3n+2}\right)\right\}$

$= \dfrac{1}{3}\left(\dfrac{1}{2} - \dfrac{1}{3n+2}\right)$

$= \dfrac{1}{3} \cdot \dfrac{3n+2-2}{2(3n+2)}$

$\boxed{\begin{array}{l} \dfrac{1}{2} = \dfrac{3n+2}{2(3n+2)} \\ \dfrac{1}{(3n+2)} = \dfrac{2}{2(3n+2)} \end{array}}$

$= \dfrac{n}{2(3n+2)}$ $\qquad \therefore \dfrac{n}{6n+4}$

(2) この数列を $\{a_n\}$ とすると、第 k 項は

$a_k = 1 + 3 + 5 + 7 + \cdots + (2k-1)$

$= \dfrac{1}{2}k\{2 + (k-1) \cdot 2\}$ ◁ 等差数列の和の公式より

$= k^2$

よって、求める和は $\displaystyle\sum_{k=1}^{n} k^2 = \dfrac{1}{6}n(n+1)(2n+1)$

$\qquad\qquad\qquad \therefore \dfrac{1}{6}n(n+1)(2n+1)$

(問題 157)

次の和を求めよ。

(1) $\displaystyle\sum_{k=1}^{n} k(k+2)$ $\qquad$ (2) $\displaystyle\sum_{k=1}^{n} (k^3 - 2k)$

解答： (1) $\displaystyle\sum_{k=1}^{n} k(k+2) = \sum_{k=1}^{n}(k^2 + 2k)$

$= \dfrac{1}{6}n(n+1)(2n+1) + 2 \cdot \dfrac{1}{2}n(n+1)$

$= \dfrac{1}{6}n(n+1)\{(2n+1) + 6\}$ ◁ 展開せずにくくる

$= \dfrac{1}{6}n(n+1)(2n+7)$

(2) $\displaystyle\sum_{k=1}^{n} (k^3 - 2k) = \left\{\dfrac{1}{2}n(n+1)\right\}^2 - 2 \cdot \dfrac{1}{2}n(n+1)$

$$= \frac{1}{4} n^2 (n+1)^2 - n(n+1)$$

$$= \frac{1}{4} n(n+1)\{n(n+1)-4\} \quad \lhd \boxed{展開せずにくくる}$$

$$= \frac{1}{4} n(n+1)(n^2+n-4)$$

【一言アドバイス】

$\frac{1}{6} n(n+1)(2n+7)$ と $\frac{1}{6}(2n^3+9n^2+7n)$ に $n=9$ を代入するときを考えてみてください。

どちらの式の方が計算しやすいでしょうか？

因数分解された式の方が、途中で約分もしやすく、楽に計算できることがわかるかと思います。

数列の和の式は、もちろん具体的に数列の和を求めるときに使うものなのですから、和を求めやすい形で答えておくべきです。そのため和の式は、因数分解した形にしておきます。

(問題158)

(1) 数列 2, 7, 19, 38, 64, … の一般項を求めよ。

(2) 数列 $\{a_n\}$ の初項から第 n 項までの和 S_n が、$S_n = 3^n - 1$ で表されるとき、一般項 a_n を求めよ。

解答 : (1) 2, 7, 19, 38, 64, …

求める数列を $\{a_n\}$、階差数列を $\{b_n\}$ とすると、

5, 12, 19, 26, …, b_n であるから

$\{b_n\}$ は初項 5，公差 7 の等差数列である。 $\lhd$ 等差数列の一般項 $a_n = a_1 + (n-1)d$

$b_n = 5 + (n-1) \cdot 7 = 7n - 2$

よって階差数列の公式より、$n \geqq 2$ のとき $\lhd$ 忘れない！

$$a_n = 2 + \sum_{k=1}^{n-1}(7k-2)$$

$$= 2 + 7 \cdot \frac{1}{2} n(n-1) - 2 \cdot (n-1)$$

$$= \frac{7}{2} n^2 - \frac{11}{2} n + 4 \qquad \lhd \boxed{n=1 \text{ のときを確認}}$$

$n=1$ のとき $\frac{7}{2} \cdot 1^2 - \frac{11}{2} \cdot 1 + 4 = 2$ となり成り立つ。

したがって求める一般項は $\quad \therefore \dfrac{7}{2}n^2 - \dfrac{11}{2}n + 4$

(2) $n \geqq 2$ のとき $\quad a_n = S_n - S_{n-1}$ が成り立つので、

$a_n = (3^n - 1) - (3^{n-1} - 1)$

$\quad = 3^n - 3^{n-1}$

$\quad = 3^1 \cdot 3^{n-1} - 3^{n-1}$ $\quad \boxed{a^{m+n} = a^m \cdot a^n}$

$\quad = 3^{n-1}(3 - 1)$ $\quad \boxed{3^{n-1} \text{ でくくった}}$

$\quad = 2 \cdot 3^{n-1} \ \cdots\cdots ①$

$a_1 = S_1 = 3^1 - 1 = 2$

$n = 1$ のとき $\quad 2 \cdot 3^{1-1} = 2$ となり①は成り立つ。 $\boxed{3^0 = 1}$

よって、 $\quad \therefore a_n = 2 \cdot 3^{n-1}$

（問題 159）

次の数列の初項から第 n 項までの和を求めよ。

$$\dfrac{1}{1 \cdot 3}, \quad \dfrac{1}{3 \cdot 5}, \quad \dfrac{1}{5 \cdot 7}, \cdots$$

解答： $\dfrac{1}{1 \cdot 3} = \dfrac{1}{2}\left(\dfrac{1}{1} - \dfrac{1}{3}\right), \dfrac{1}{3 \cdot 5} = \dfrac{1}{2}\left(\dfrac{1}{3} - \dfrac{1}{5}\right)$ であるから第 n 項も同様に考えて、

$$\dfrac{1}{1 \cdot 3} + \dfrac{1}{3 \cdot 5} + \dfrac{1}{5 \cdot 7} + \cdots + \dfrac{1}{(2n-1)(2n+1)}$$

$$= \dfrac{1}{2}\left(\dfrac{1}{1} - \dfrac{1}{3}\right) + \dfrac{1}{2}\left(\dfrac{1}{3} - \dfrac{1}{5}\right) + \dfrac{1}{2}\left(\dfrac{1}{5} - \dfrac{1}{7}\right) + \cdots + \dfrac{1}{2}\left(\dfrac{1}{2n-1} - \dfrac{1}{2n+1}\right)$$

$$= \dfrac{1}{2}\left\{\left(\dfrac{1}{1} - \dfrac{1}{3}\right) + \left(\dfrac{1}{3} - \dfrac{1}{5}\right) + \left(\dfrac{1}{5} - \dfrac{1}{7}\right) \cdots + \left(\dfrac{1}{2n-1} - \dfrac{1}{2n+1}\right)\right\}$$

$$= \dfrac{1}{2}\left(\dfrac{1}{1} - \dfrac{1}{2n+1}\right)$$

$$= \dfrac{1}{2}\left(\dfrac{2n+1-1}{2n+1}\right)$$

$$= \dfrac{n}{2n+1} \qquad \therefore \dfrac{n}{2n+1}$$

（問題 160）

次の数列の和を求めよ。

$$1 \cdot 1 + 2 \cdot 2 + 3 \cdot 2^2 + \cdots + n \cdot 2^{n-1}$$

解答： $S_n = 1 \cdot 1 + 2 \cdot 2 + 3 \cdot 2^2 + \cdots \qquad\qquad + n \cdot 2^{n-1}$ ……① とおく。

$2S_n = \qquad 1 \cdot 2 + 2 \cdot 2^2 + 3 \cdot 2^3 + \cdots + (n-1) \cdot 2^{n-1} + n \cdot 2^n$ ……②

①－②より $-S_n = 1 + 2 + 2^2 + 2^3 + \cdots\cdots + 2^{n-1} - n \cdot 2^n$

等比数列の和
$S_n = \dfrac{a(r^n-1)}{r-1}$

最後の項 $-n \cdot 2^n$ の
ーに注意！

$$= \frac{1(2^n-1)}{2-1} - n \cdot 2^n$$

$$= 2^n - 1 - n \cdot 2^n$$

$$= -(n-1) \cdot 2^n - 1$$

よって、$S_n = (n-1) \cdot 2^n + 1 \qquad \therefore (n-1) \cdot 2^n + 1$

【一言アドバイス】

ここでは教科書レベルの基本問題を出しましたが、余裕のある人は、
公比が文字になっている問題なども解いておきましょう。

（問題 161）

等式 $\displaystyle\sum_{j=1}^{n} j^2 = \frac{1}{6}n(n+1)(2n+1)$ を数学的帰納法を用いて証明せよ。

解答： 等式 $\displaystyle\sum_{j=1}^{n} j^2 = \frac{1}{6}n(n+1)(2n+1)$ …… ※ とおく。

ⅰ．$n=1$ のとき、

（左辺）$= \displaystyle\sum_{j=1}^{1} j^2 = 1^2 = 1$ （右辺）$= \dfrac{1}{6}(1+1)(2 \cdot 1 + 1) = 1$

となり成り立つ。

ⅱ．$n=k$ のとき、※ が成り立つと仮定すると

$$\sum_{j=1}^{k} j^2 = \frac{1}{6}k(k+1)(2k+1)$$

この式の両辺に $(k+1)^2$ を加えると

$$\sum_{j=1}^{k} j^2 + (k+1)^2 = \frac{1}{6}k(k+1)(2k+1) + (k+1)^2$$

$\dfrac{1}{6}(k+1)$ でくくる

$$\sum_{j=1}^{k+1} j^2 = \frac{1}{6}(k+1)\left\{k(2k+1) + 6(k+1)\right\}$$

$$\sum_{j=1}^{k+1} j^2 = \frac{1}{6}(k+1)(2k^2 + 7k + 6)$$

$$\sum_{j=1}^{k+1} j^2 = \frac{1}{6}(k+1)(k+2)(2k+3)$$

$$\sum_{j=1}^{k+1} j^2 = \frac{1}{6}(k+1)\{(k+1)+1\}\{2(k+1)+1\}$$

よって、※ は $n=k+1$ でも成り立つ。

ⅰ．ⅱ．より、※ は全ての自然数 n について成り立つ。

【一言アドバイス】

$n=k$ を仮定した後、その式を用いて $n=k+1$ が正しくなることを示す解答の流れには、記述の仕方が何通りかありますので、上の記述の仕方はあくまでも一例です。自分が学習した記述の流れをしっかり確認しておきましょう。

〔問題 162〕

$a_1 = 1$, $2a_{n+1} - a_n + 2 = 0$ で定まる数列 $\{a_n\}$ の一般項 a_n を求めよ。

解答： 与えられた漸化式を変形すると

$$a_{n+1} = \frac{1}{2} a_n - 1$$

この漸化式は更に

$$a_{n+1} + 2 = \frac{1}{2}(a_n + 2) \quad \cdots\cdots ①$$

と変形できる。（右の枠内参照）

$b_n = a_n + 2$ とおくと、   等比数列を表す漸化式

①より $\quad b_{n+1} = \frac{1}{2} b_n$

$$\begin{array}{l} c = \frac{1}{2}c - 1 \text{より} \quad c = -2 \\[4pt] \qquad a_{n+1} = \frac{1}{2}a_n - 1 \\[4pt] -)\quad\underline{\qquad c = \frac{1}{2}c - 1\qquad} \\[4pt] \qquad a_{n+1} - c = \frac{1}{2}(a_n - c) \\[4pt] \qquad a_{n+1} + 2 = \frac{1}{2}(a_n + 2) \end{array}$$

この漸化式から、$\{b_n\}$ が初項 $b_1 = a_1 + 2 = 3$, 公比 $\frac{1}{2}$ の等比数列

であることがわかるので、$b_n = 3 \cdot \left(\frac{1}{2}\right)^{n-1}$ である。   等比数列の一般項

よって、$a_n + 2 = 3 \cdot \left(\frac{1}{2}\right)^{n-1}$ $\therefore a_n = 3 \cdot \left(\frac{1}{2}\right)^{n-1} - 2$

（問題 163）

四角形 OABC において、$\overrightarrow{OB} + \overrightarrow{AC} = 2\overrightarrow{OC}$ が成り立つとき、

四角形 OABC は平行四辺形であることを示せ。

解答：　$\overrightarrow{OB} + \overrightarrow{AC} = 2\overrightarrow{OC}$ より、

$\overrightarrow{OB} + (\overrightarrow{OC} - \overrightarrow{OA}) = 2\overrightarrow{OC}$

$\overrightarrow{OB} - \overrightarrow{OC} = \overrightarrow{OA}$

$\overrightarrow{CB} = \overrightarrow{OA}$

よって、四角形 OABC は平行四辺形である。

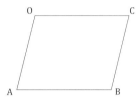

【一言アドバイス】

$\overrightarrow{CB} = \overrightarrow{OA}$ より、中学数学で学習した平行四辺形になるための条件
「1 組の対辺が平行でその長さが等しい」が成り立ちます。

（問題 164）

△ABC において、等式 $\overrightarrow{PA} + 2\overrightarrow{PB} + 3\overrightarrow{PC} = \vec{0}$ を満たす点 P は

どのような位置にあるか。

> 三角形の辺上のベクトルを
> 使うために始点を点 A に
> そろえた

解答：　$\overrightarrow{PA} + 2\overrightarrow{PB} + 3\overrightarrow{PC} = \vec{0}$

$-\overrightarrow{AP} + 2(\overrightarrow{AB} - \overrightarrow{AP}) + 3(\overrightarrow{AC} - \overrightarrow{AP}) = \vec{0}$

$-6\overrightarrow{AP} = -2\overrightarrow{AB} - 3\overrightarrow{AC}$

$\overrightarrow{AP} = \dfrac{2\overrightarrow{AB} + 3\overrightarrow{AC}}{6}$

$= \dfrac{1}{6}(2\overrightarrow{AB} + 3\overrightarrow{AC})$

これより

$\overrightarrow{AP} = \dfrac{5}{6} \cdot \dfrac{2\overrightarrow{AB} + 3\overrightarrow{AC}}{5}$

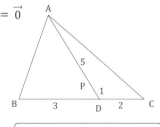

> $\dfrac{2\overrightarrow{AB} + 3\overrightarrow{AC}}{5}$ は辺 BC を 3：2 に
> 内分する点の位置ベクトル

辺 BC を 3：2 に内分する点を D とすると

$$\overrightarrow{AP} = \frac{5}{6}\,\overrightarrow{AD}$$

よって、線分 AD を 5：1 に内分する点が求める P である。

(問題 165)

四面体 OABC において、OA＝3， OB＝4， OC＝6， ∠AOB＝60°，
∠BOC＝90°，∠COA＝120°である。$\vec{a} = \overrightarrow{OA}$，$\vec{b} = \overrightarrow{OB}$，$\vec{c} = \overrightarrow{OC}$
とおく。

$\overrightarrow{OP} = \vec{a} - 2\vec{b} + 3\vec{c}$ を満たす点を P とするとき、$|\overrightarrow{OP}|$ を求めよ。

解答： $\vec{a} \cdot \vec{b} = 3 \times 4 \times \cos 60° = 6$

$\vec{b} \cdot \vec{c} = 4 \times 6 \times \cos 90° = 0$

$\vec{c} \cdot \vec{a} = 6 \times 3 \times \cos 120° = -9$

$|\overrightarrow{OP}|^2 = |\vec{a} - 2\vec{b} + 3\vec{c}|^2$

$= |\vec{a}|^2 + 4|\vec{b}|^2 + 9|\vec{c}|^2 - 4\vec{a} \cdot \vec{b} - 12\vec{b} \cdot \vec{c} + 6\vec{c} \cdot \vec{a}$

$= 3^2 + 4 \cdot 4^2 + 9 \cdot 6^2 - 4 \cdot 6 + 6 \cdot (-9)$

$= 9 + 64 + 324 - 24 - 54 = 319$

$|\overrightarrow{OP}| > 0$ であるから $\therefore |\overrightarrow{OP}| = \sqrt{319}$

【一言アドバイス】

例えば、「$|\vec{a}+\vec{b}|^2 = |\vec{a}|^2 + 2\vec{a} \cdot \vec{b} + |\vec{b}|^2$ を示せ」のような証明問題では、
$|\vec{a}+\vec{b}|^2 = (\vec{a}+\vec{b}) \cdot (\vec{a}+\vec{b}) = \vec{a} \cdot \vec{a} + \vec{a} \cdot \vec{b} + \vec{b} \cdot \vec{a} + \vec{b} \cdot \vec{b} = |\vec{a}|^2 + 2\vec{a} \cdot \vec{b} + |\vec{b}|^2$
というように、内積の性質を利用したことがわかるように記述するべきですが、
その途中計算に重点が置かれていない場合は、途中計算を省いても大丈夫です。

(問題 166)

△ABC において、AB を 3：1 に内分する点を D、AC を 2：3 に内分する点を E、
線分 BE と線分 CD の交点を P とする。$\vec{b} = \overrightarrow{AB}$，$\vec{c} = \overrightarrow{AC}$ とおくとき、
メネラウスの定理・チェバの定理を用いて、$\overrightarrow{AP}$ を $\vec{b}$，$\vec{c}$ で表せ。

解答： 直線 AP と BC の交点を F とする。

チェバの定理より $\dfrac{AD}{DB} \cdot \dfrac{BF}{FC} \cdot \dfrac{CE}{EA} = 1$

$$\dfrac{3}{1} \cdot \dfrac{BF}{FC} \cdot \dfrac{3}{2} = 1$$

よって、$\dfrac{BF}{FC} = \dfrac{2}{9}$ 　　BF：FC＝2：9 …… ①

△ABF と直線 CD において、メネラウスの定理より

$$\dfrac{AD}{DB} \cdot \dfrac{BC}{CF} \cdot \dfrac{FP}{PA} = 1 \quad \boxed{BC = BF + FC}$$

$$\dfrac{3}{1} \cdot \dfrac{11}{9} \cdot \dfrac{FP}{PA} = 1$$

よって、$\dfrac{FP}{PA} = \dfrac{3}{11}$ 　　AP：PF＝11：3 …… ②

①, ②より、$\overrightarrow{AP} = \dfrac{11}{14}\overrightarrow{AF}$

$$= \dfrac{11}{14} \cdot \dfrac{9\vec{b} + 2\vec{c}}{2+9} \quad \boxed{内分点の公式}$$

$$= \dfrac{9}{14}\vec{b} + \dfrac{1}{7}\vec{c} \qquad \therefore \overrightarrow{AP} = \dfrac{9}{14}\vec{b} + \dfrac{1}{7}\vec{c}$$

（問題 167）

2 直線 $2x - y + 2 = 0$, 　$x - 3y - 1 = 0$ のなす角 θ をベクトルを用い
て求めよ。

解答： $2x - y + 2 = 0$, 　$x - 3y - 1 = 0$ の法線ベクトルのうちの一つを
それぞれ $\vec{m}, \vec{n}$ とすると、$\vec{m} = (2, -1)$, 　$\vec{n} = (1, -3)$ である。

$$\vec{m} \cdot \vec{n} = |\vec{m}||\vec{n}|\cos\theta$$

$$2 \times 1 - 1 \times (-3) = \sqrt{2^2 + (-1)^2}\sqrt{1^2 + (-3)^2}\cos\theta$$

$$\cos\theta = \dfrac{5}{\sqrt{5}\sqrt{10}} = \dfrac{1}{\sqrt{2}} \quad 0 \leq \theta \leq 90° \text{より} \therefore \theta = 45°$$

（別解）　※方向ベクトルを用いた解法

$2x - y + 2 = 0$, 　$x - 3y - 1 = 0$ より、

$$y = 2x + 2, \quad y = \dfrac{1}{3}x - \dfrac{1}{3}$$

方向ベクトルのうちの一つをそれぞれ $\vec{m}$, $\vec{n}$ とすると、2 直線の
傾きから

$\vec{m} = (1, \ 2), \quad \vec{n} = (3, \ 1)$ である。

$\vec{m} \cdot \vec{n} = |\vec{m}||\vec{n}|\cos \theta$

$1 \times 3 + 2 \times 1 = \sqrt{1^2 + 2^2}\sqrt{3^2 + 1^2} \ \cos \theta$

$\cos \theta = \dfrac{5}{\sqrt{5}\sqrt{10}} = \dfrac{1}{\sqrt{2}} \quad 0 \leqq \theta \leqq 90° \ \text{より} \quad \therefore \theta = 45°$

【一言アドバイス】

教科書には法線ベクトルを用いた解法が載っている場合が多いようですが、別解のように方向ベクトルを用いても解けます。

ベクトルを用いない解法としては、三角関数の加法定理を利用した解法（問題128）が一般的です。

（問題168）

xyz 空間において、3 点 A $(1, 1, 1)$, B $(0, 2, 6)$, C $(-2, 2, 5)$ と点 P (x, y, z) が同一平面上にあるための必要十分条件を求めよ。

解答： 平面 ABC 上に点 P があるとき、

実数 s, t を用いて、

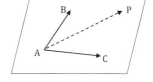

$\overrightarrow{AP} = s\overrightarrow{AB} + t\overrightarrow{AC}$ と表せる。

$\overrightarrow{AP} = (x-1, \ y-1, \ z-1)$

$\overrightarrow{AB} = (0-1, \ 2-1, \ 6-1) = (-1, \ 1, \ 5)$

$\overrightarrow{AC} = (-2-1, \ 2-1, \ 5-1) = (-3, \ 1, \ 4)$ より、

$(x-1, \ y-1, \ z-1) = s(-1, \ 1, \ 5) + t(-3, \ 1, \ 4)$
$\qquad\qquad\qquad\qquad = (-s-3t, \ s+t, \ 5s+4t)$

$\begin{cases} x-1 = -s-3t \ \cdots\cdots \ ① \\ y-1 = s+t \ \cdots\cdots \ ② \\ z-1 = 5s+4t \ \cdots\cdots \ ③ \end{cases}$

①＋②より $\quad 2t = -x-y+2 \ \cdots\cdots \ ④$

①＋②×3 より $\quad 2s = x+3y-4 \cdots\cdots ⑤$

④, ⑤を③に代入 $z-1 = \dfrac{5}{2}(x+3y-4) + 2(-x-y+2)$

$\qquad\qquad\qquad 2z-2 = 5(x+3y-4) + 4(-x-y+2)$

$$整理すると \quad \therefore x + 11y - 2z - 10 = 0$$

（別解）　※法線ベクトルから平面の方程式を作る解法

3 点 A, B, C で定まる平面の法線ベクトルの一つを $\vec{n} = (a, b, c)$ とする。

$$\overrightarrow{AB} = (0 - 1, \; 2 - 1, \; 6 - 1) = (-1, \; 1, \; 5)$$

$$\overrightarrow{AC} = (-2 - 1, \; 2 - 1, \; 5 - 1) = (-3, \; 1, \; 4)$$

$\overrightarrow{AB} \perp \vec{n}$, $\overrightarrow{AC} \perp \vec{n}$ であるから、

$$\overrightarrow{AB} \cdot \vec{n} = -a + b + 5c = 0 \; \cdots\cdots \; ①$$

$$\overrightarrow{AC} \cdot \vec{n} = -3a + b + 4c = 0 \; \cdots\cdots \; ②$$

①, ②より、$b = 11a$, $c = -2a$

よって、$a : b : c = 1 : 11 : -2$ であるから　$\vec{n} = (1, \; 11, \; -2)$

点 P は平面上の点であるから、$\overrightarrow{AP} \perp \vec{n}$

$$\overrightarrow{AP} \cdot \vec{n} = (x - 1) + 11(y - 1) - 2(z - 1) = 0$$

これより、$\qquad\qquad \therefore x + 11y - 2z - 10 = 0$

【一言アドバイス】

（別解）の方が計算が多少楽になるので、ミスが減ると思います。

ちなみに A (x_1, y_1, z_1) を通り、法線ベクトルが $\vec{n} = (a, b, c)$ である平面の方程式は

$a(x - x_1) + b(y - y_1) + c(z - z_1) = 0$ です。

（問題 169）

三角形の面積の公式　$S = \dfrac{1}{2}\sqrt{|\vec{a}|^2|\vec{b}|^2 - (\vec{a} \cdot \vec{b})^2}$

上の公式が成り立つことを示せ。

解答：　$\triangle$ OAB において、$\overrightarrow{OA} = \vec{a}$, $\overrightarrow{OB} = \vec{b}$ とすると、

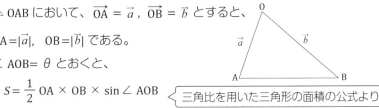

OA $= |\vec{a}|$, OB $= |\vec{b}|$ である。

$\angle$ AOB $= \theta$ とおくと、

$$S = \frac{1}{2} OA \times OB \times \sin \angle AOB$$

三角比を用いた三角形の面積の公式より

$$= \frac{1}{2}|\vec{a}||\vec{b}| \sin \theta$$

$$= \frac{1}{2}\sqrt{|\vec{a}|^2|\vec{b}|^2 \sin^2 \theta}$$

$$= \frac{1}{2} \sqrt{|\vec{a}|^2 |\vec{b}|^2 (1 - \cos^2 \theta)} \quad \underset{\boxed{\sin^2 \theta + \cos^2 \theta = 1}}{\Longleftarrow}$$

$$= \frac{1}{2} \sqrt{|\vec{a}|^2 |\vec{b}|^2 - |\vec{a}|^2 |\vec{b}|^2 \cos^2 \theta} \quad (\because \ \vec{a} \cdot \vec{b} = |\vec{a}||\vec{b}| \cos \theta)$$

$$= \frac{1}{2} \sqrt{|\vec{a}|^2 |\vec{b}|^2 - (\vec{a} \cdot \vec{b})^2}$$

よって、成り立つ。

(問題 170)

直線 $3x + 4y - 15 = 0$ に関して、点 P $(1, \ 2)$ と対称な点 Q の座標を
ベクトルを用いて求めなさい。

解答： $3x + 4y - 15 = 0$ の法線ベクトルの一つは

$\vec{n} = (3, \ 4)$ である。

$\overrightarrow{PQ} \parallel \vec{n}$ であるから、$3x + 4y - 15 = 0$ と PQ の
交点を H $(s, \ t)$ とすると、実数 k を用いて
$\overrightarrow{PH} = k\vec{n} = (3k, \ 4k)$ …… ① と表せる。

また、$\overrightarrow{PH} = \overrightarrow{OH} - \overrightarrow{OP} = (s - 1, \ t - 2)$

これより $\overrightarrow{PH} = (s - 1, \ t - 2) = (3k, \ 4k)$

$s - 1 = 3k, \quad t - 2 = 4k$

$s = 3k + 1, \quad t = 4k + 2$ …… ②

H は直線 $3x + 4y - 15 = 0$ 上の点であるから、

$3s + 4t - 15 = 0$ が成り立つ。

② を代入 $3(3k + 1) + 4(4k + 2) - 15 = 0$

これより $k = \dfrac{4}{25}$

$\boxed{\begin{array}{l} 3(3k+1) + 4(4k+2) - 15 = 0 \\ 9k + 3 + 16k + 8 - 15 = 0 \\ 25k - 4 = 0 \end{array}}$

このとき①より $\overrightarrow{PH} = \left(\dfrac{12}{25}, \ \dfrac{16}{25}\right)$

よって、$\overrightarrow{OQ} = \overrightarrow{OP} + \overrightarrow{PQ} = \overrightarrow{OP} + 2\overrightarrow{PH}$

$\qquad\qquad = (1, 2) + 2\left(\dfrac{12}{25}, \ \dfrac{16}{25}\right)$

$\qquad\qquad = \left(\dfrac{49}{25}, \ \dfrac{82}{25}\right) \qquad \therefore Q \left(\dfrac{49}{25}, \ \dfrac{82}{25}\right)$

ご存知の通り、教科書には数Ⅱ「図形と方程式」の単元に例題として載っている問題です。

数Ⅱの解法も特に難しくはないと思いますが、分数が出てくることが多いため、

連立方程式を解く段階でややミスが多くなるようです。

ベクトルを利用した解法も、可能ならばできるようになっておきましょう。

(問題 171)

定点 A $(\vec{a})$, B $(\vec{b})$ と動点 P $(\vec{p})$ がある。このとき、$\vec{p}$ に関する

ベクトル方程式 $(2\vec{p}-\vec{a})\cdot(\vec{p}+2\vec{b})=0$ はどのような図形を表すか。

ただし、$\vec{a}\neq\vec{0}$, $\vec{b}\neq\vec{0}$, $\vec{a}$ と $\vec{b}$ は平行ではないとする。

解答： $(2\vec{p}-\vec{a})\cdot(\vec{p}+2\vec{b})=0$　より

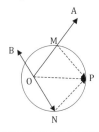

$(\vec{p}-\dfrac{\vec{a}}{2})\cdot(\vec{p}+2\vec{b})=0$

線分 OA の中点を M、$-2\overrightarrow{OB}=\overrightarrow{ON}$ とすると、

$(\vec{p}-\overrightarrow{OM})\cdot(\vec{p}-\overrightarrow{ON})=0$

よって、線分 MN を直径とする円

【一言アドバイス】

$\vec{p}-\overrightarrow{OM}=\overrightarrow{MP}$, $\vec{p}-\overrightarrow{ON}=\overrightarrow{NP}$ で $\overrightarrow{MP}\cdot\overrightarrow{NP}=0$ なので、$\angle MPN=90°$ が常に成り立ちます。

半弧（直径）に対する円周角は $90°$ なので、動点 P は MN を直径とする円周上の点です。

(問題 172)

2 点 A $(6,\ -2,\ 4)$, B $(4,\ 2,\ 6)$ を通る直線を l とする。直線 l に

原点 O から垂線 OH を下ろすとき、l 上の点 H の座標を求めよ。

解答： 点 H は、直線 l 上の点であるから、実数 t を用いて

$\overrightarrow{OH}=\overrightarrow{OA}+t\overrightarrow{AB}$　◁ $\overrightarrow{AB}=\overrightarrow{OB}-\overrightarrow{OA}$

$=(6,\ -2,\ 4)+t(-2,\ 4,\ 2)$　◁ $(-2,4,2)$ の代わりに $(-1,2,1)$ を使ってもよい

$$= (-2t+6,\ 4t-2,\ 2t+4)\ \cdots\cdots\ ①$$

$\overrightarrow{OH} \perp \overrightarrow{AB}$ であるから、$\overrightarrow{OH} \cdot \overrightarrow{AB} = 0$

$$\overrightarrow{OH} \cdot \overrightarrow{AB} = -2(-2t+6) + 4(4t-2) + 2(2t+4)$$
$$= 4t - 12 + 16t - 8 + 4t + 8$$
$$= 24t - 12 = 0 \qquad t = \frac{1}{2}$$

よって、① に代入すると $\overrightarrow{OH} = \left(-2\cdot\frac{1}{2}+6,\ 4\cdot\frac{1}{2}-2,\ 2\cdot\frac{1}{2}+4\right)$

$$= (5,\ 0,\ 5) \qquad \therefore H\ (5,\ 0,\ 5)$$

【一言アドバイス】

ベクトル方程式という言葉に拒否反応がある人もいるようですので、ここでの解答の中では、特にベクトル方程式という表現は使いませんでしたが、$\overrightarrow{OH} = \overrightarrow{OA} + t\overrightarrow{AB}$ は実質的には直線のベクトル方程式のことです。

今回は方向ベクトルとして、わかりやすいように $\overrightarrow{AB}$ をそのまま用いましたが、$\overrightarrow{AB} = (-2,\ 4,\ 2)$ ですので、方向ベクトルに $(-1,\ 2,\ 1)$ を利用した方が、多少楽に計算できます。

(問題 173)

平面 $x - 2y + 2z - 2 = 0$ へ、点 A $(1,\ -1,\ 2)$ から垂線 AH を下ろしたときの垂線の足 H の座標を求めよ。

解答：　平面 $x - 2y + 2z - 2 = 0$ の法線ベクトルの一つは

$\vec{n} = (1,\ -2,\ 2)$ である。

AH $/\!/$ $\vec{n}$ であるから、実数 k を用いて、

AH も $\vec{n}$ も平面に垂直なので

$\overrightarrow{AH} = k\vec{n} = (k,\ -2k,\ 2k)$ と表せる。これより

$\overrightarrow{OH} = \overrightarrow{OA} + \overrightarrow{AH} = (1,\ -1,\ 2) + (k,\ -2k,\ 2k)$

$\qquad = (k+1,\ -2k-1,\ 2k+2)\ \cdots\cdots\ ①$

点 H は平面上の点であるから、① を平面の式に代入すると

$(k+1) - 2(-2k-1) + 2(2k+2) - 2 = 0$

$k + 1 + 4k + 2 + 4k + 4 - 2 = 0$

$$9k + 5 = 0 \qquad k = -\frac{5}{9}$$

よって、① より

$$\overrightarrow{\mathrm{OH}} = \left(-\frac{5}{9} + 1, \ -2 \cdot \left(-\frac{5}{9}\right) - 1, \ 2 \cdot \left(-\frac{5}{9}\right) + 2\right)$$

$$= \left(\frac{4}{9}, \ \frac{1}{9}, \ \frac{8}{9}\right)$$

したがって、 $\qquad \therefore \mathrm{H}\left(\frac{4}{9}, \ \frac{1}{9}, \ \frac{8}{9}\right)$

(問題 174)

$\vec{a} = (1, 3)$, $\vec{b} = (1, 2)$ とするとき、$\vec{p} = (-3, 2)$ を $\vec{a}$, $\vec{b}$ で表せ。

解答: s, t を実数とすると、$\vec{p} = s\vec{a} + t\vec{b}$ と表せる。これより

$$(-3, 2) = s(1, 3) + t(1, 2)$$
$$(-3, 2) = (s + t, \ 3s + 2t)$$

$s + t = -3$, $3s + 2t = 2$ より、$\quad s = 8, \quad t = -11$

よって、$\vec{p} = 8\vec{a} - 11\vec{b}$ $\qquad \therefore \vec{p} = 8\vec{a} - 11\vec{b}$

(問題 175)

$|\vec{a}| = 3$, $|\vec{b}| = 2$, $|\vec{a} + 2\vec{b}| = 3$ のとき、$\vec{a} - \vec{b}$ と $\vec{a} + t\vec{b}$ が垂直であるような t の値を求めよ。

解答: $\quad |\vec{a} + 2\vec{b}|^2 = 3^2$

$$|\vec{a}|^2 + 4\vec{a} \cdot \vec{b} + 4|\vec{b}|^2 = 9$$
$$3^2 + 4\vec{a} \cdot \vec{b} + 4 \times 2^2 = 9$$

$$\begin{aligned} |\vec{a} + 2\vec{b}|^2 &= (\vec{a} + 2\vec{b}) \cdot (\vec{a} + 2\vec{b}) \\ &= \vec{a} \cdot \vec{a} + \vec{a} \cdot (2\vec{b}) + 2\vec{b} \cdot \vec{a} + 4\vec{b} \cdot \vec{b} \\ &= |\vec{a}|^2 + 4\vec{a} \cdot \vec{b} + 4|\vec{b}|^2 \end{aligned}$$

よって $\quad \vec{a} \cdot \vec{b} = -4$

$\vec{a} - \vec{b}$ と $\vec{a} + t\vec{b}$ は垂直であるから、$(\vec{a} - \vec{b}) \cdot (\vec{a} + t\vec{b}) = 0$

$$(\vec{a} - \vec{b}) \cdot (\vec{a} + t\vec{b}) = |\vec{a}|^2 + t\vec{a} \cdot \vec{b} - \vec{a} \cdot \vec{b} - t|\vec{b}|^2$$
$$= 9 - 4t + 4 - 4t$$
$$= -8t + 13 = 0 \qquad \therefore t = \frac{13}{8}$$

§共通テスト数学・大学入試・数学の勉強法など（詳解）

（問題 186）

導関数の定義を答えよ。

解答： $f'(x) = \lim\limits_{h \to 0} \dfrac{f(x+h) - f(x)}{h}$

【一言アドバイス】

ちなみに $f(x) = x^n$ とすると、二項定理より

$$f(x+h) - f(x) = (x+h)^n - x^n$$
$$= (x^n + {}_nC_1 x^{n-1} \cdot h + {}_nC_2 x^{n-2} \cdot h^2 + \cdots + {}_nC_{n-1} x \cdot h^{n-1} + h^n) - x^n$$
$$= nx^{n-1} \cdot h + {}_nC_2 x^{n-2} \cdot h^2 + \cdots + {}_nC_{n-1} x \cdot h^{n-1} + h^n$$
$$= h(nx^{n-1} + {}_nC_2 x^{n-2} \cdot h + \cdots + {}_nC_{n-1} x \cdot h^{n-2} + h^{n-1})$$

よって、 $f'(x) = \lim\limits_{h \to 0} \dfrac{f(x+h) - f(x)}{h}$

$$= \lim\limits_{h \to 0} (nx^{n-1} + {}_nC_2 x^{n-2} \cdot h + \cdots + {}_nC_{n-1} x \cdot h^{n-2} + h^{n-1})$$
$$= nx^{n-1}$$

確かに $f'(x) = nx^{n-1}$ となります。

（問題 191） ※数学の問題ではないですが、有名な面白い問題です。

A君，B君，C君の3兄弟が、1万円ずつ出し合ってゲーム機を買うことになり、電気屋さんを訪れました。兄弟たちから預かった3万円を店員さんは店長に渡したのですが、店長は2万5千円にまけてあげることにしたようで、5千円を兄弟たちに返すように店員に渡しました。

しかし5千円は3人で分けると割り切れないと考えた店員は、兄弟たちが見ていないのをよいことに、その中の2千円を自分のポケットにしまい込んでしまい、残りの3千円を兄弟たちに千円ずつ返しました。兄弟たちは1万円ずつ出し合いましたが、千円ずつ返って来たので9千円ずつ払ったことになります。それに店員が2千円盗んだことを合わせると、

$$9,000 \times 3 + 2,000 = 29,000$$

あれ？

はじめ 3 万円あったはずなのに、2 万 9 千円になってしまいました。

千円はどこに消えてしまったのでしょうか……？

解答： 9,000 × 3 ＋ 2,000 ＝ 29,000 …… ①　の計算はおかしい。

3 兄弟が払った金額は 9,000 × 3 ＝ 27,000 円であるが、

ゲーム機は 25,000 円、その差額の 2,000 円は店員が盗んだ分

である。

①の 9,000 × 3 は、（ゲーム機代）＋（店員が盗んだ分）なので、

それに更に 2,000 を加える計算は正しくない。

正しくは、3 人に返した 3,000 円を加えて

9,000 × 3 ＋ 3,000 ＝ 30,000 となるので、もちろん千円は消え

てはいない。

おわりに

オイラーの等式 $e^{i\pi} + 1 = 0$ は美しい数式と言われています。

ただこの数式を誰もが美しく感じるわけではありません。

美しさがわかる人の多くは、数学が得意、または数学が好きな人でしょう。

有名な画家が描いた絵画、都会の夜景、テーマパークのイルミネーション、手つかずの自然、夜空いっぱいの花火、一面の花畑などなど。

何を美しいと感じるかは人それぞれですが、嫌いなものを美しく感じるということはあまりないのではないでしょうか？

オイラーの等式の美しさを感じるためには、まずその第一歩として、数学を好きになることが大切だと思います。

もちろん、「オイラーの等式を美しく感じるために数学の勉強をしろ！」

と極端なことを勧めているわけではありません。

ですが、数学の苦手意識が徐々になくなり、前向きに学習に取り組むことができるようになる、そして徐々に数学が好きになり得意になる、ついでにオイラーの等式のような数学の式の美しさも感じられるようになる、この本が、少しでも数学が好きになり得意になるための手助けとなれば嬉しいです。

【著者プロフィール】

inomi（インオミ）

某県内の学習塾に、専任講師、教室長、取締役として25年以上勤務し、多くの高校生達に数学と進学の指導を行ってきました。
その経験を活かし、少しでも誰かのお役に立てればと思っています。

- ・ツイッター： @inomi_math
- ・ブログ： https://ameblo.jp/inomi-math
- ・資格： 数学検定準一級
  情報処理技術者二種
  生涯学習インストラクター2級（古文書） など

高校数学が得意になる 215の心得

2023 年 4 月 20日　初版第 1 刷発行

著　者　インオミ
編集人　清水智則　発行所　エール出版社
〒101-0052　東京都千代田区神田小川町2-12　信愛ビル4 F
電話　03(3291)0306　　FAX　03(3291)0310
メール　edit@yell-books.com

ISBN978-4-7539-3536-9

高校数学
至極の有名問題 240
文理対応・国公立大〜難関大レベル

・古典的な（歴史的によく知られた、由緒ある）問題
・重要な定理・不快論理的背景に基づいた問題
・応用面で重要な問題など

　高校数学の重要な概念・定理・公式を学ぶのに
　ふさわしい問題を厳選 !!

§1　論理・数と式／§2　2次関数／§3　図形と計量／
§4　場合の数／§5　確率／§6　整数の性質／§7　図
形の性質／§8　式と証明／§9　複素数と方程式／§10
　図形と方程式／§11　三角関数／§12　指数関数・対
数関数／§13　微分法（文系・理系共通）／§14　積分
法（文系・理系共通）／§15　数列／§16
ベクトル／§17　複素数平面／§18　式
と曲線／§19　関数と極限／§20　微分法
（理系）／§21　積分法（理系）／

ISBN978-4-7539-3520-8

廣津　孝・著　　　　　　　　　　◎本体 2000 円（税別）

テーマ別演習
入試数学の掌握

理Ⅲ・京医・阪医を制覇する

東大理Ⅲ・京大医のいずれにも合格するという希有な経歴と説得力を持つ授業で東大・京大・阪大受験生から圧倒的な支持を受ける

●テーマ別演習①　総論編
　Theme1　全称命題の扱い
　Theme2　存在命題の扱い

A5判・並製・216頁・1500円（税別）

ISBN978-4-7539-3074-6

●テーマ別演習②　各論錬磨編
　Theme3　通過領域の極意
　Theme4　論証武器の選択
　Theme5　一意性の示し方

A5判・並製・288頁・1800円（税別）

ISBN978-4-7539-3103-3

●テーマ別演習③　各論実戦編
　Theme6　解析武器の選択
　Theme7　ものさしの定め方
　Theme8　誘導の意義を考える

A5判・並製・288頁・1800円（税別）

ISBN978-4-7539-3155-2

近藤至徳・著